U N R E A D

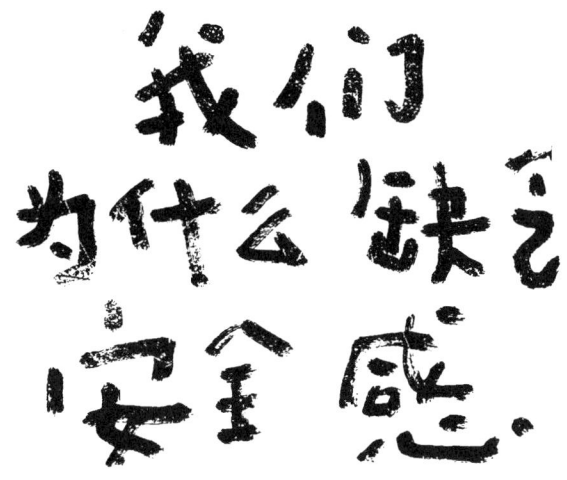

TÚ ERES
TU LUGAR SEGURO

MARÍA ESCLAPEZ ［西］玛丽亚·埃斯克拉佩兹 著 / 程肖琳 译

目录

序言   1

第 1 章   童年与依恋   15

    情绪引导者   16
    依恋理论   22
    抗议行为   30
    模拟人生理论   32
    童年时期的情绪否定   33
    好女孩综合征   39
    是什么让我们在一段关系中缺乏安全感   42
    情感独立并不存在   51
    冒名顶替综合征   53

第 2 章   情感伤害   55

    情感包袱   56
    是否有必要原谅他人   66
    情感伤害   69
    成人的四种依恋类型   78

第 3 章   创伤与解离   89

    什么是情感创伤   90

I

改变我们依恋类型的情境	94
三角关系	104
恐惧与压力	110
解离	113

第 4 章　三个大脑：爬行脑、情绪脑和理性脑　123

大脑会记得	130
身体永远记得	132
为什么我会反复爱上同一类人	136

第 5 章　从过去到现在　141

当过去的创伤在当下被激活	142
成年人的伤口与他从小采取的生存策略有关	149
情绪的作用	173
灾难化思维	174

第 6 章　建立健康的人际关系　185

对方的情感创伤	186
共情的重要性	189
健康沟通的关键	192
情绪认可	198

认可和共情能够让我们修复关系	200
报复在恋爱关系中是无效的	202
如何才能以健康的方式行事，不陷入报复行为呢	204

第 7 章　缺席者与庇护者　　207

如何成为一个庇护者	219
复原力——克服困难的能力	225

第 8 章　成为你自己的安全之地　　233

自我原谅	234
处理你的情感创伤	252
白色森林	256
光环	261
你的安全之地	266
你的指南针，让你永远不会迷失自我	268
你的工具	269

后记　　271

序 言

我就直说了。

如果下列任何一种情况，那都意味着你经受过情感伤害：

- 你难以维持健康的关系（无论是恋情、友情还是亲情）。
- 在情感关系中，你总是不断寻找同一类型的伴侣或重复相同的行为模式。
- 你很难独处。
- 你害怕伴侣间的承诺和亲密感。
- 你觉得需要为所有事情道歉。
- 当事情超出你的控制范围时，你会感到不舒服。
- 即使负担得起，你还是会为在非急需物品上花钱而感到内疚。
- 你非常害怕犯错。
- 你把所有精力都集中在别人身上。
- 你时刻关注别人的情绪，以确定要如何行动。
- 你认为自己永远不够好。
- 你一直处于高度警惕状态，并多次感到压力大或焦虑。

- 你对自己过于苛刻，自我要求过高。
- 当需要与别人交谈或请求帮助时，你会觉得自己打扰到了别人。
- 你对别人要求过高。
- 你专注于满足他人的需求，而忽视了自己的需求。
- 你对童年或青少年时期几乎没有什么记忆。
- 你觉得休息就是在浪费时间。
- 每次社交活动后，你都会一遍遍分析自己的行为，只有确定自己的表现不错，才能放松下来。
- 你需要别人的认可才能保持平静。
- 你生活在强烈的负罪感中，毫无缘由。

如果上述某一点引起了你的共鸣或让你感兴趣，那么这本书就是为你而写的。

几年前，我意识到自己遭受了情感伤害，要想过上平静的生活，我就必须治愈它。但直到几个月前，我经历了一系列的事情，才开始真正地面对现实。

现在，我希望你睁开双眼。接下来，我们会一起回忆你的过去。

关于童年，你还记得什么？关于青少年时期呢？我敢打赌，你肯定也曾回想过去，让思绪沉浸在从前的某个片段里，无论你是否情愿。有时是气息、味道或画面触发回忆；有时是与他人大声分享故事让人追忆往昔。脑海中珍藏着那些对我们产生过影响的经历，无论它们是好是坏。我不得不坦诚地告诉你，尽管比起积极经历，大脑更擅长储存消极经历，但面对任何一种刺激，大脑所追求的始终只有一个目标：生存。

从出生那一刻起，我们就开始与周围的世界互动，并与最亲近的人建立起最初的人际关系：从父母、兄弟姐妹和其他亲人，到朋友、老师和其他熟人……所有这些人在某种程度上都是这个复杂网络的一部分，而它能够影响我们感知和处理事物的方式，因为看待事物的方式正是环境所教导的。

从出生那一刻起，我们就准备好了开始在脑海中整理各种信息，比如我们是谁，我们处于何种地位，以及我们应当如何对待自己和他人。

从出生那一刻起，我们的大脑就开始运行一系列生存机制，它们决定了我们感知问题、发觉危险、处理潜在威胁以及应对恐惧的方式。

你知道吗，不久之前，我想起了自己第一次感到非理性恐惧的经历。当时我七岁左右，那是普通的一天，父亲在开车，母亲和我坐在后座，我们刚刚在乡下和家人度过了一个夏日。已经入夜，父亲正在我们当时的住处附近找停车位，我透过车窗望着眼前为数不多的几颗星星，突然感到一种前所未有的痛苦向我袭来。

我意识到，这一天就要结束了，这多么让人悲伤，而假如包括我自己和我所爱的人的生命在内的一切都会在那一瞬间结束，又该多么不公平。

不安侵袭了我的身体，我对这一天将要结束的悲伤也变得越发浓郁。我头脑中毫无缘由地冒出一个想法——我可能会得绝症，然后死掉。对一个小女孩来说，这个想法够阴暗的，是不是？

我一直是个感情强烈的人，也比较擅长快速联想，虽然当时我还很小，无法理解自己是怎么回事儿，但随着时间的推移，我短暂又模糊地记起了那个时刻，并且能够给出一个解释了。

在那之后不久，三十一岁的我坐火车回家。此前几天我因为一些工作事务出了城，回程是在夜里，我非常疲惫，就把头靠在车窗上，想在到达目的地之前睡一会儿。突然，我注意到夜很黑，就想看看能不能望见星星。就在那一刻，我的大脑决定让那段童年回忆浮出水面。"为什么是现在？"我环顾四周，虽然感觉自己已置身于一个陌生而未知的世界，但事实上车厢里没有发生任何变化。我戴上耳机听着音乐，身心却已完全沉浸在那段之前还较模糊的回忆里。最有可能的是，我的大脑把我当下的行为与我近二十五年前的行为联系在了一起。随着记忆的逐渐清晰，我回顾了这一切，并找到了一个合乎逻辑的解释。

在父母车里经历非理性恐惧的前几天，我参加了一场成人之间有关疾病和死亡的对话。我们参观了一所教堂，人们经常会向那里的某个圣像献祭，希望神明满足他们关于健康、家庭和爱情的愿望。那些祭品是各种形状的蜡像：心脏、肾脏、人腿和头发等，因祭品的类型和信徒的愿望而异。那画面深深印在了我的脑海，此前我从未见过这样的东西，虽然我还很小，但我确信自己能充分地与所有祈求者共情，感受他们的痛苦。我可以确定，正是那次经历引发了我的焦虑和随之而来的各种身心不适症状，比如头晕、恶心。当时的我把一天的结束与一生的结束联系了起来。

从那时起，每当夜幕降临，这种情况就会重复上演。我不想有这种感觉，也不想去想它，但它几乎是自动产生的。

我从未对父母讲过这些，我羞于向他们解释自己大脑中的想法。连我自己也觉得它们"太成熟"了，我不希望父母问一些我答不上来的问题。

有一天，这种感受突然消失了，因为我找到了一种可以与自己的思想抗衡的想法：每一天都会结束的好处在于，几个小时后新的一天就会开始。

有趣的是，那天在火车上，我是完全无意识地回忆往事。每当我们打开记忆之门时，就会发生这种情况：多年来渴望重见天日的回忆一股脑儿地浮现，就像当你打开一瓶卡瓦酒时，泡沫从瓶子里喷涌而出。

于是，我想起了自己经历过的另一次非理性恐惧。

十岁那年，我们搬进了一个稍大一点的房子，原先的房子对四口之家来说太小了。相比之下，新家明显大多了，这让我不禁想到某个房间里可能藏着什么人，他会突然出来偷袭或抢劫我们。

那时父亲经常在外工作，大部分时间都是母亲一人在家陪我和妹妹。作为姐姐，我对妹妹产生了一种巨大的责任感，有时甚至会延伸到母亲身上。因此，一连好几周，我每天都会巡查新家里的每个房间和衣柜，以防有人藏在里面准备伤害我们。我还记得，为了不引起怀疑，我检查的时候总是边唱歌边假装玩耍。后来我不再那么做，因为我注意到母亲开始对我的行为产生怀疑。

"家里没有别人，你可以放松一点。"有一天她对我说。

被她看穿时我尴尬极了，说不上为什么，我想继续假装自己是个正常的、无忧无虑的小女孩。

我想母亲把这件事告诉了父亲，因为几天后，他带着我在整个房子里巡视了一圈，还向我演示，除非破门而入，不然外人很难闯进来，衣柜和抽屉里也很难藏人。

当然，我的恐惧是完全非理性的。在某种程度上，这可能是因为我年龄太小，但请相信我，当你被如此强烈的情绪攫住时，年龄根本无关紧要。有时这种情绪还会引发巨大的压力，以至于让你完全迷失并脱离现实。

那种恐惧从何而来？因何而起？如今我明白了：因为在很小的时候，我就有一种掌控一切的需求，而当我发现还有疾病、死亡或外部危险等不受我控制的事情时，我就会感到脆弱和恐惧，而这又加剧了我的思维反刍和焦虑。

不过还有别的原因。

十八岁那年，我认识了我的初恋，随之而来的还有对被抛弃的非理性恐惧。这段关系成了我人生的分水岭。我从未交过男朋友，对我来说这一切都新奇又可怕。在此之前，我一直认为自己是一个坚强、独立且自尊心强的女人。事实上，除了青春期的偶尔"失误"，我确实成功塑造了一种坚强的性格。然而，我的第一段恋情并不顺利，我正是在那时切身体验了什么叫作情感依赖，不仅是对第一任伴侣的依赖，还有之后的每一任伴侣。那段关系的巨大刺激引发了我的恐惧，我害怕被抛弃，害怕自己不够好，害怕自己不被别人喜爱或接受。正如我在《我爱自己，我也爱你》那本书中所说的，从那时起，焦虑一直尾随着我。可能在那之前，焦虑就已蛰伏在我心中的某个角落，只是偶尔闪现，但那段关系成了压倒骆驼的最后一根稻草，它引发了一个我余生都不得不面对的问题。

幸好，我也有内心平静的时期。但当焦虑猛烈袭来时，我需要回想自己迄今为止做出的所有个人努力才能放松下来。这种情况几个月前就发生过一次。

当时我刚刚出版了《我爱自己，我也爱你》，还在因为读者的热烈反响而欢欣鼓舞——再次感谢你们为我做的一切——书的销量飙升，供不应求，媒体的采访邀约接连不断，我几乎每周都要去不同的城市参加读者见面会，溢美之词纷至沓来，收件箱里堆满各个机构的合作邀请，我的患者和粉丝通过我的文字获得了更多帮助，我的社交媒体互动量也高得惊人……一切都是那么美好，我多年来梦想的一切正在变成现实，然而，我并不快乐。我觉得我必须时刻表现出色，证明自己真的可以胜任这份工作，不能辜负任何人。但其实并没有人强迫我做任何事，没有人给我压力。至少，除我以外没有人这么做。刚开始工作的那几年过得很艰难，我只能在入不敷出的同时，拼命在心理学领域寻找自己的立足之地。现在我终于找到了，却又开始害怕失去让我付出这么多努力和泪水才换来的一切，所以我对自己越来越苛刻，我害怕再次回到那段地狱般的时光。就这样，我对自己的要求越来越多、越来越高。自从意识到我对自己总是很严格，我就明白我应该善待自己，我也确实那么做了。但在那几个月，我又一次变成了自己最大的敌人，就好像我从这些年的努力中一无所获。我又开始虐待自己。

我怎么了？虽然很艰难，但我最终还是迈出了那一步。我找到了我的心理医生亚历杭德罗·贝尔马尔（我要特别提起他的名字，因为他真的帮助了我很多)。

这对我来说有点困难,部分原因是我不愿意承认自己的状态比以往任何时候都要差,但我也知道我必须这么做,因为很长时间以来,我都感觉自己的内心不对劲。

我对医生讲了自己的情况,他问了我一些问题,与我向我的患者询问的问题类似。当他问我在空闲时间喜欢做什么时,我惊讶地发现我不知道要怎么回答,而是目瞪口呆地看着远处,试图想出一个合理的答案。我从颤抖的唇边挤出一句稍显胆怯的"散步?",然后就哭了起来。突然间,我意识到自己几乎没有空闲时间,即使有,我也什么都不想做,因为我太累了,唯一想做的就是睡觉或消失。那时,我才明白自己的状况有多糟糕,以及这些年来,我多么疏于倾听自己的内心。

自从2020年新冠疫情大流行开始以来,我从未停止过工作。我认为自己有责任面对正在发生的一切,我必须坚强,这样才能帮助他人。我把精力过多地集中在了别人身上,又一次忘记了自己。

江山易改,本性难移。让我说得更清楚些:我的本性就是自我苛求和渴望掌控一切。拥有这种性格的结果就是焦虑再次入侵了我的生活,而且这次比往常更加凶猛。从第一段恋情(就是那段有毒的关系,如果你还记得的话)开始,我就背负着焦虑的重担,胸口的压迫感每天都让我窒息,恶心、腹痛、失眠、心悸和耳鸣也时有发生。我甚至在商场里晕倒过——噢,是的,我当时尴尬得要死——非理性的恐惧出现时,往往会与更加没有道理的恐惧联系在一起,这还嫌不够,该死的思维反刍还让我日复一日地剧烈头痛。

看完心理医生的几小时后,我看着他给我开的两盒药(后来又加了一盒),每天三片。我从不害怕吃药,我向你保证,这也不是我第一次吃药。它们确实有效,对我们的健康也至关重要。我很清楚,我,玛丽亚·埃斯克拉佩兹,来到这个世界不是为了受苦,但在看到我这样一个成就斐然、前途光明的心理学家需要吃药来应对自己所经历的一切时,我更加感到自己的渺小。我觉得,我的职业生涯越是成功,我越是绝望。

我周围的人并不理解这些。"可你已经拥有一切了呀!你什么问题也没有!你要快乐!"我心想:"我知道,我知道我要快乐,我也想变得快乐,问题是我做不到。"

该死!我真的做不到!几年前的我已经历过那么多狗屎般的遭遇,我为什么就不能享受生活和工作的片刻馈赠呢?我只是想要快乐。

我不能听天由命,没完没了地问"为什么是我"也于事无补。这一切问题的答案,正如我之前怀疑的那样,就存在于我的过去。这些问题日复一日地在我意识之门的边缘浮现,而回答它们的关键就在我往日的经历中。几年前我就挖掘过自己的记忆,这也是我每天对我的患者所做的事。然而,同样的问题再次出现了:虽然面临新的情况,但我的大脑做出的反应还是和从前差不多,于是我明白,是时候重新挖掘自我了。我决定找到答案,并重新面对我的过去。药物治疗就像我一条腿受伤时帮助我行走的拐杖,可以使我在生理层面恢复平衡,但尽管如此,我还是得做出更多努力。我不能一辈子依靠拐杖,我得重新学会行走。

于是我鼓起勇气,决定迎难而上。

不,我们心理医生并不会免受心理问题的困扰。任何一个有思想的人都可能会遇到心理问题,就像任何一个有身体的人都可能会遇到生理问题。难道医生就不会生病吗?

对我来说,生活中非常具有启发性的时刻还有很多,我前文所讲的四种情况只是其中一部分。在这本书中,我还有更多事情想要告诉你,但最重要的目标是向你提供我当时并没有的工具。

我希望这本书能帮你治愈那些伤口。希望它能帮你回忆和理解你的过去,认识大脑在不同情况下的运行机制,理解你的大脑基于你的经历所构建的现实,明白你生活中的哪些方面影响了你,以及它们如何限制了你。

我希望这本书能陪伴你,帮助你回答下列问题:

为什么我会这样做?

为什么我会有这样的感受？

为什么我会这样想？

我的不快从何而来？

我是如何学会感知世界的？

我是如何学会与他人和与自己建立联系的？

这一切的根源是什么？

以及最重要的一点：为了治愈过去的情感伤害，平静地活在当下，我能够采取哪些策略？

在这本书中，我将引领你踏上一段寻找内在自我的旅程。我们将深入探索大脑、你的记忆以及构建我所有专业知识的科学理论。我将从科学和共情两个角度陪伴你，后者源于我自己的个人经历，虽然我们的人生大不相同，但我明白在黑暗中迷失方向的滋味。

让我们一起打开你人生的潘多拉之盒吧。了解自己的过去可以帮助你治愈现在的创伤。

但我也要坦率地讲：虽然值得走，但这条路非常艰难。

<u>读完这本书后，你看待自己人生的方式也将有所不同。</u>

你准备好了吗？

重要提示

阅读这本书可能会让你的情绪产生波动,如果有必要,请稍作休息。你可以深呼吸,等做好准备时再继续阅读。阅读过程中,你可能会意识到自己需要面对的问题比书中提到的更多,并且你需要挖掘自己的内心。如果是这样,请毫不犹豫地向专业人士求助。这本书汇集了大量有关依恋理论的最新知识,以及一些有助于改善与他人和与自己的关系的宝贵技巧。但请记住,阅读这本书并不等于治疗,它也不能代替医疗服务或心理辅导。

请按照自己的节奏来阅读,要保持平静,不要着急,毕竟你需要时间消化书中的信息。

每个章节是按照依次阅读的顺序设置的,所以我建议你不要跳过任何一章。

关于本书中描述的事件

在这本书中,你将读到作者本人完全真实的个人经历。

另一方面,你也将读到以真实经历为基础的患者口述。为了保护并尊重当事人的身份和隐私,我们对这部分内容做了轻微和适度的修改。

本书中使用的所有姓名均为化名,若有雷同,纯属巧合。

第1章
童年与依恋

成年人的心理健康状况取决于其童年经历——

我们必须从头说起，而故事的开端往往都是童年，人生中最有趣的事情都发生在这一阶段。我们不应只在感觉自己可能有过某种痛苦经历时追溯童年，当我们需要答案时，就应该回想过去。因为我们获得的一切信息都汇集在大脑中，请尝试把过去与现在联系起来，以便解释当下发生的一切。

○ 情绪引导者 ○

你肯定不记得自己婴儿时期发生的事了，这很正常。根据最新的相关研究，这是由于在这一阶段，大脑消耗了许多能量来产生用于学习的新神经元，随之而来的便是储存记忆变得十分困难。

婴幼儿就像一块海绵，能吸收周围的所有信息。他们能感知情绪，了解一切。他们通过观察、触摸、嗅觉、味觉和听觉来学习，也就是说，我们对自身、他人以及世界的看法，会因我们童年时期身边有怎样的人而有所不同。也就是说，<u>成年人是婴幼儿的情绪引导者</u>。多数情况下，是父母担任着引导者的角色，但婴幼儿身边最亲近的人或主要看护人也可能是祖父母、伯父伯母或某位老师。

婴幼儿的这种学习方式可以通过镜像神经元理论来解释。

镜像神经元

镜像神经元是一种神经细胞，它们在我们无意识地模仿他人行为时发挥着关键作用。在婴幼儿的大脑中，这种细胞负责神经发育，即产生新的突触（神经连接），以便他们了解周围的世界。

我们可以直观地看到这些细胞是如何运作的。例如，当我们看到另一个人打哈欠时，我们也会打哈欠；当我们看到社交媒体上的视频教程，并开始模仿；当我们的交谈对象把双臂交叉抱在胸前时，为了避免手臂与他们不舒服的姿势相撞，我们会顺着对方的姿势向后退一步；甚至我们对他人的同理心也属于这一范畴。

其实，这些神经元从我们出生起便开始运作了。因此有些婴儿会在别人对他们微笑时也报以微笑，或者模仿看护人的面部表情。

大脑的这一特性解释了婴幼儿的一种学习方式：观察（另一种方式是试错）。

几天前，我和三岁的表妹茱莉娅一起度过了一个下午，并目睹了她通过观察来学习的时刻。和孩子们在一起时，我喜欢分析他们的行为以及在特定情况下的反应，我想这是职业病的一种体现吧。但直到这种类似情况发生时，我才会意识到，而且说实话，它们总会让我感到惊讶。

茱莉娅趁她妈妈和我母亲在客厅喝咖啡时，来到我的办公室对我说：

"表姐，你在做什么？"

我那时正好在写这本书，于是答道：

"我在工作，不过我正要放点音乐，跳跳舞。"

她立刻兴奋起来，要我放一首《随它吧》（*Let It Go*），就是迪士尼电影《冰雪奇缘》（*Frozen*）的主题曲。我播放了这首歌，还打开了天花板上的彩灯，告诉她我们要把房间变成一个舞厅。小女孩十分着迷，快乐地跳起舞来。一曲终了，我们又去户外泳池里玩了一下午。重新进屋时，茱莉娅竟然还清楚地记得我之前开灯的动作，并且打算自己动手。我并没有告诉她具体要怎么做，她只是看我做了一遍，就能在几个小时后模仿我的动作。在她拿起插头前，我告诉她最好还是让大人来做这件事。当我再次打开彩灯时，她高兴地喊道："舞厅!"在这一刻，我见证了表妹的镜像神经元是如何发挥作用的。

这些细胞与人的右脑密切相关。右脑在人类两岁以前起着主导作用，而这段时间足以确定我们将来的依恋类型，也就是说，镜像神经元与我们的未来发展密不可分。

镜像神经元一直在发挥作用，并且在童年阶段扮演着至关重要的角色。在这一时期，它每天都在辛勤工作，不浪费一分一秒，就像一种神经元"Wi-Fi网络"（正如丹尼尔·戈尔曼所说的那样），可以使婴幼儿与其父母直接相连。

这就是为什么我们说，当一个成年人与一个孩子相处时，前者会通过上述机制无意识地向后者传递三种信息：

1. 通过我对待你的方式，你会发现我以何种方式**感知你**（你应该以何种方式感知你自己）。
2. 通过我教导你探索或面对世界的方式，你会发现我以何种方式**感知世界**（你应该以何种方式感知世界）。
3. 通过你我之间的联结，你会发现你应当如何**感知他人**（你将以何种方式与他人建立联系）。

试想一下，假如你可以把自己的人生静音，也就是说，消除童年和青少年时期的所有声音，只保留画面和感受。这样一来，剩下的就只有父母和看护人传递给你的信息，它们与世界有关，却不以语言为载体。这多有趣啊，不是吗？你有没有想过，如果你能这样做，还会剩下什么？我们其实是通过感受来处理记忆的。关于过去，我们很少记得声音（除非它们与某些很震撼的事情直接相关），我们能记得的多半是画面、情绪、信息等内容（虽然往往记得不真切）以及它们对我们产生的影响，无论这种影响是好是坏。

我要给你讲一个意味深长的小故事。

有一次，我去超市购物，就在我说服自己买火鸡鸡胸肉比买熟火腿更好时，一个小男孩稚嫩的声音打断了我的思绪。

"爸爸，今天在学校里我们用手掌画画，大卫弄脏了我的短袖。我说我要去告诉老师，然而他满不在乎。"

这位父亲正忙着自己的事，甚至看都没看孩子一眼。与此同时，小男孩在他背后一遍遍地重复着这个故事。

"爸爸，你在听我说话吗？"

我感觉小男孩开始生气了。当然，他完全有理由生气，因为他的父亲完全忽视了他。

"爸爸！"最后他喊道。

男孩的父亲突然转过身来，很严厉地对他说：

"不要喊！"

你认为这个场景会给小男孩留下什么样的记忆呢？你认为他能学会不要喊叫吗？不会的。他学会了两件极其重要的事，我向你保证，这两件事中没有一件是出于这位父亲的本意。

> 通过神经元 Wi-Fi 网络，小孩的镜像神经元真正处理的信息，也就是他将会记住的信息是：
> - "如果我喊叫，我的声音就会被听到，因此我就会被重视，我也会感受到自己作为一个人的价值。"
> - "我父亲并不在乎我所讲的问题，也就是说，我最好不要再跟他讲这些，反正他也不会听，何必呢？"

鉴于这并不只是什么童年轶事，所以接下来，我们将深入了解依恋理论，这样我们才能理解这种情况对我们的影响有多深。

依恋理论

约翰·鲍比是一位精神分析师，他毕生致力于研究童年发展及其对成年阶段的影响。他对心理学最重要和最著名的贡献是**依恋理论**，该理论主张人需要建立安全的依恋关系，以及在童年时期与某位作为参考对象的成人建立起最初的联结，这对心理和情感的良好发展至关重要。他认为，童年时期与父母或监护人之间的情感联结对我们成年后的各种关系影响重大，无论是与他人还是与我们自己的关系。因此，依恋类型也决定了人们感知和回应亲密关系的方式。

"安全""照顾"和"保护"是一种安全型依恋，这种联结使一个孩子感觉自己身处被保护的安全环境，从而能够探索周围的世界。

依恋是如何建立的

正如我在《我爱自己，我也爱你》中解释过的那样，依恋机制会在面临威胁的情况下（这是孩子没有经历过的情况）被激活，并负责提供安全感。该机制被激活时，孩子会通过抗议行为寻求大人的关注，并根据他们得到的回应发展出**安全型**或其他类型的依恋：**焦虑型**、**回避型**或**紊乱型**。

受到威胁

↓

依恋机制被激活

↓

孩子会抱怨，进行直接或间接求助（抗议行为）

↓

成年人的回应

↙ ↘

方案1：依恋机制关闭，孩子获得安全感并恢复平静（保持安全型依恋）　　方案2：依恋机制处于激活状态，孩子无法平静下来（依恋类型发生改变）

依恋类型如何在婴儿身上体现

⊙ 玛丽·安斯沃思的"陌生情境"实验

这是我最喜欢的心理学实验之一，它可以说明每种依恋类型的特征如何在婴儿身上体现，而这些特征将持续影响他们的成年阶段。这个实验由约翰·鲍比的学生，心理学家玛丽·安斯沃思设计，旨在进一步研究其导师的理论并对儿童的依恋类型进行分类。实验于1969年进行，对象为十八个月大的婴儿及其母亲，目的是观察孩子在与其依恋对象,即母亲短暂分离时会有何反应。

实验场景的顺序如下:

1. 婴儿和母亲进入一个摆满玩具、有两把椅子的房间。

2. 母亲开始和婴儿玩耍。

3. 母亲坐在其中一把椅子上。

4. 婴儿独自玩耍。

5. 一个陌生人进入房间,坐在另一把椅子上。

6. 母亲离开房间,让婴儿与陌生人独处。

7. **婴儿对分离和陌生人做出反应。**

8. 母亲再次进入房间并安抚婴儿。

9. **婴儿对重聚做出反应。**

10. 陌生人离开房间,让母亲和婴儿独处。

11. 母亲离开房间,让婴儿独自一人。

12. **婴儿对分离做出反应。**

这项研究最有趣的部分是观察并记录婴儿对分离和重聚的反应。通过观察,安斯沃思得出了以下结论:

依恋类型	依恋对象（母亲）的特征	与母亲一起进入房间时	与母亲分离时	母亲返回时（重聚时）
安全型	对孩子的需求很敏感。 多数时候能提供必要的照顾。 回应孩子的需求。	母亲是孩子探索周围环境时的安全基地（下文将提到的"双手"）。 孩子在探索过程中会与母亲互动，并与其分享游戏的乐趣。	因为母亲的离开，孩子停下探索行为，开始哭闹（抗议行为）。	母亲出现时，孩子很快得到安慰。 允许身体接触。 恢复平静后能继续探索房间。
回避型	对孩子的需求不敏感。 习惯拒绝。不能经常提供情感关怀。 不主动与孩子互动。	孩子在探索时不以母亲为安全基地。 专注于玩具。 孩子的行为仿佛不带任何情绪。	表面上不受分离的影响（虽然事实证明，孩子还是会在生理上有压力），因此不会哭闹。 也就是说，孩子遭受了痛苦，但不表现出来，因为他会贬低自己的经历。 这可能是由于他已多次证实自己的抗议行为是无效的。	孩子不寻求身体接触。 如果母亲碰触孩子，孩子会拒绝。

依恋类型	依恋对象（母亲）的特征	与母亲一起进入房间时	与母亲分离时	母亲返回时（重聚时）
焦虑型或矛盾型	情绪管理能力不稳定。间歇性提供照顾。有时回应孩子的需求，有时则不回应。也可能反应夸张（过度保护）。	十分担心和紧张母亲，孩子几乎不探索周围环境。不与母亲分离，因为害怕她会消失（由于母亲的间歇性照顾，孩子不知道她何时会在自己身边、何时不会）。	当母亲离开房间时，孩子非常痛苦。表现出强烈的抗议行为。由于得不到持续的照顾，孩子会产生一种恐惧，因此会夸大自己的经历。	孩子往往会表现出愤怒，不容易平静下来（弓起身子，拍打母亲，扔掉母亲给的玩具）。矛盾的回应：孩子可能会寻求或抗拒身体接触。不再重新探索周围环境。孩子内心对于再次"被抛弃"的恐惧以某种方式被激活了。

通过这些观察，心理学中有关依恋的最重要的理论之一得以形成。

后来，前文提到的第四种依恋类型也被发现了，即紊乱型依恋。

童年时期的四种依恋类型

让我们根据童年时期与父母的关系,来看看每种依恋类型的特征。在这里,我要回顾一下《我爱自己,我也爱你》中提到的内容,在我看来那些定义相当全面,可以作为深入了解这一理论的起点。

⊙ 安全型依恋

这种依恋类型与一种感受有关,即父母是可信任的坚实后盾。安全型儿童的父母会积极敏锐地回应孩子的情感需求,是孩子心目中安全的避风港。没有一个安全型儿童会害怕被父母抛弃,在某种程度上,他们知道这种事情不可能发生。

安全型依恋让孩子能够平静地探索和认识世界,并与他人建立联系,因为他们能感觉到自己的依恋对象,即被自己视作庇护者或参考对象的那个人(一个成年人),会一直在身边保护自己。安全型儿童会在与父母分离时感到痛苦,但在与他们重聚后又会平静下来。

如果父母做不到这些,恐惧和不安就会影响孩子对周围世界理解,包括他与别人和自己之间关系的理解,这一点将在后文中具体介绍。

⊙ 回避型依恋

这种依恋类型与父母关系疏远、情感缺失有关。

在与自己相处的过程中，孩子是带着被拒绝、很少被喜爱和重视的感受长大的。值得一提的是，尽管孩子感觉自己不被爱或不被重视，但这并不意味着父母不爱他们，而是父母不知道如何表达情感，或者想当然地认为这种爱显而易见，没有必要明说。这就是为什么我们要谈论孩子的感受。

上述情况导致孩子别无选择，只能学会自力更生。自相矛盾的是，在别人看来，孩子看起来充满自信且对周围环境充满信任。事实上，这种行为只不过是他们为了保持自身的情绪稳定，不得已而建立的一道屏障。

在环境发生变化或与父母分离时，回避型儿童表面上既不感到痛苦，也没有受到伤害（虽然事实证明他们的确会有压力）。这一特性反映在他们会习惯性地与别人保持情感距离上。

⊙ 焦虑型依恋

这种依恋类型与有时能关注孩子，但并不总能做到这一点的父母，也就是间歇性提供照顾和安全感的父母有关。

面对这种不一致，孩子会认为环境是不稳定的，这使他们在成长过程中感到世界是一个危险的地方（即使他们不曾真的有过危险经历），任何事情都可能随时发生（比如自己被遗弃）。这最终导致他们在面对周围环境时产生恐惧和焦虑，并产生不安全感，因为对于世界过于易变的恐惧会让他们无法面对世界。焦虑型儿童在与父母分离时会感到极度痛苦，且在重聚后需要很长时间才能平静下来。

⊙ 紊乱型依恋

这种依恋类型是焦虑型和回避型的混合，在这种依恋中，孩子会感受到父母行为的矛盾和不恰当。

这类儿童的看护人有时会对孩子表示亲密，有时又随机或间歇性地表示回避。面对同一种情况，他们的反应很不一致，有时会表现出很强的攻击性，有时则表现得非常有吸引力或善于操纵。

这种依恋类型与被抛弃、忽视和对自己得到的照顾与喜爱的不确定感有关，也与不被尊重或隐私有关，这类儿童往往在童年时期有过长期的痛苦经历或持续处于高度压力下。

紊乱型儿童在与主要看护人（下文将提到的"双手"）重聚时可能会做出矛盾的反应，比如被拥抱时看向别处，或是在靠近依恋对象时表现出悲伤和恐惧。

刚出生时，我们都是依赖他人的：我们需要他人喂养、哄睡、帮助我们保持清洁舒适，以及满足我们的情感需求。在逐渐成为独立自主、人格健全的成年人的过程中,这种依赖不可或缺。如果主要看护人仅仅专注于提供基本照顾,而忽略了情感照顾,那我们的心理和情感就无法健康发展,这也就意味着将来会出现问题。

婴儿无法自主调节情绪。例如,他们不会在感到害怕时自己平静下来。你能想象一个婴儿通过自言自语来安抚自己吗?"好吧,我知道你现在感到害怕和孤独,但你看,没什么好怕的。来,冷静下来,一切都会好起来的。"恐怕这是不可能的。他们需要一个敏感的成年人来满足他们的需求,并与他们一起调节情绪。

可以说,抗议行为是婴幼儿的本能,目的是吸引主要看护人的注意,从而让他们满足自己的各种需求。

抗议行为

你可能会好奇什么是抗议行为?在《我爱自己,我也爱你》一书中,我解释了这种现象如何以一种不健康的方式出现在一些成年人身上,他们缺乏与别人建立有效沟通的能力。然而,从进化论的角度来看,这种现象存在于婴幼儿身上是完全可以解释的。每当与依恋对象或看护人分离时,他们就很可能会做出抗议行为,直到与前者重新建立联系。

这种行为的主要表现是哭泣,产生原因则是对亲密感、安全感和被保护的需求，或是源自与所爱之人分离而产生的痛苦和被遗弃的感觉。

> 我是否感到无聊？我会哭泣。
> 我是否感到孤独？我会抱怨。
> 我闻不到或看不到主要看护人时，我会生气地噘嘴。
> 我饿了吗？我会喊叫。
> 我困了吗？我会边揪自己的头发边哭。
> 我肚子疼吗？我会哭得更大声。
> 我感到害怕吗？我会哭泣。
> 当尿布脏了而引起不适时，我会再次抱怨。

婴幼儿的抗议行为是一种正常的功能性依恋行为，主要用于吸引成年人的注意，以满足自己的生理和情感需求。这种行为的目的，是用他们所知道的方式告诉成年人自己需要帮助。婴儿不会说话，幼儿可能不懂得准确表达自己的感受，但两者都会寻找一种表达抗议的方式，来向成年人传达自己的需求。哭闹、不良行为、表现不佳、注意力不集中，或任何一种异常行为都可以是一种语言形式。

正如你可以想到的那样，抗议行为的目的是生存。

模拟人生理论

你玩过《模拟人生》(The Sims)吗？如果你没有听说过的话，它是一系列社交模拟类电子游戏。在这款游戏中，你基本上可以掌控一切，包括创建角色、编辑环境和剧情，并模拟整个人生。屏幕右下角通常会显示角色头像和一系列绿色需求条，当角色的某项基本需求值（比如饥饿或精力）上升时，它们就会变成红色。

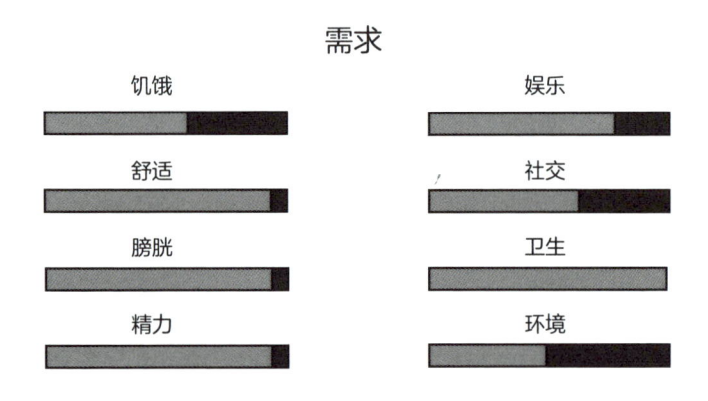

需求

饥饿	娱乐
舒适	社交
膀胱	卫生
精力	环境

在这款游戏中，玩家负责满足角色的需求。如果角色饿了，玩家必须命令他的角色完成进食，以免他生命值耗尽；如果他困了，则需要命令角色睡觉。以此类推，玩家要满足角色的所有需求。只有当所有需求条都是绿色时，角色才能保持整体状况良好。如果角色被忽视，基本需求无法得到满足，他最终就会死亡。

婴幼儿也是如此。让我说得更直白些：如果把这种关系对应到现实生活，我们就会发现，成年人就是玩家，婴幼儿则是游戏角色。

○ 童年时期的情绪否定 ○

有些作者提出，让婴儿从六个月大时就开始单独睡在一个房间是正确的。他们主张，不管婴儿如何哭闹，都要让他们学会在黑暗中独自入睡。怎么说呢，我不太认同这种观点。你能想象让一个这么小的孩子自己面对漆黑的夜晚吗？当然不能。我已经三十二岁了，当我在乡下，半夜独自打着手电筒去厕所时，我还是会有点害怕。我总会让别人陪我一起去！在理性层面，我很清楚没什么好怕的，顶多会在路上碰到几只小蜘蛛或小蚂蚁，但黑暗让我无法掌控周围的环境，这让我感到很脆弱。我也完全明白，有人陪着我并不能让我免于蚊虫叮咬，甚至在最糟的情况下，也无法让我免遭类似迈克尔·迈尔斯那样的连环杀手的袭击，但有人陪伴会让我感到安全。就像小时候，大人的陪伴和安慰会让我们觉得自己可以毫无畏惧地探索周围环境。

如果依恋对象只是出现在身边就能提供安全感，那么，为什么要强迫六个月大的婴儿拥有面对分离的勇气呢？难道你想在恐惧中绝望地求助时，却眼睁睁看着身边所爱之人对你关上门，任由你在黑暗里哭到声嘶力竭吗？

这种做法毫无意义。然而，有关童年的许多误解始终存在，并影响了人们的育儿方式。不幸的是（真希望事实并非如此），在21世纪的今天，这些误解依然深入人心，并让我们继续在童年和青少年时期遭受情绪否定。

这里有一些童年情绪否定的案例及其常见后果，你一定觉得熟悉——无论是你听说过，还是你经历过：

- "他们还是孩子，什么都不懂。"

  后果：你会目睹你这个年纪不该目睹的一些场景和对话。

- "我说什么就是什么。"

  后果：你将学会遵守自己不理解的规则，而无法养成批判性思维。

- "别抱怨了，我们那会儿的情况比现在更糟。"

  后果：你会认为总有人比你更痛苦，你的经历根本不值得理解或同情。你的情绪不如别人的重要，他们才是真正受苦的人。

有趣的是,既然每个人能感受到的痛苦都是主观的,那又如何确定痛苦的大小呢?在后面的章节中我们会探讨这点。

- "就让他哭吧,否则他就会一直缠着你,让你抱他。"
"就让他哭吧,挺好的。哭一哭还能增加肺活量。"

后果:你会明白没有人在意你的哭声。

心理学家曼努埃尔·埃尔南德斯·帕切科(Manuel Hernandez Pacheco)是我目前在研究依恋理论方面最认可的参考对象之一。按照他的说法,如果我们把一个没有大人陪伴的婴儿放在森林里,他会从大人离开的那一刻就开始哭泣(因被遗弃感而引发的抗议行为)。他会不停地哭上几十分钟,甚至几小时,希望大人能听到,并赶来解救他、满足他的需求。他无法随着时间的流逝自己平静下来,反而会不断增加需求。但过一段时间,婴儿最终会停止哭泣。这是为什么呢?假设环境冷热或野兽都无法对他造成伤害,那婴儿为什么会停止哭泣呢?难道他自己平静下来了?不,正确答案更让人绝望:婴儿已经证实,哭泣——他借以表达抗议和满足需求的唯一工具——没有用,他已经精疲力竭,决定不再使用它。但他仍然需要帮助，他有好几个"红色需求条"（就像在游戏《模拟人生》里那样），如果没有成年人的帮助，他很可能会失去生命。从生理学角度讲，他的肾上腺系统已经衰竭（心理学家玛丽安·罗哈斯称之为"皮质功能衰竭"），这让他无法继续呼救。也就是说，从生理层面上看，婴儿的身体已经疲惫到无法继续保持警觉，或是无法产生更多压力了。

我举这个例子并不是说，让婴儿在晚上独自睡觉会导致他死掉，但我确实认为，随着时间的推移，一定会产生某种后果。这意味着一个人从小时候就开始发现自己的主要看护人并不总是可靠的。

"别要求我抱你。这次让你得逞，你就会一直要我抱。" 你能想象你对自己的伴侣说这样的话吗？或者对一位遇到了问题的朋友说："哭吧，哭一哭能增加肺活量。"然后无视她？这听起来相当伤人，不是吗？

- **"你最好从事这个职业（一份你父母认为体面的职业）。"**

  后果：你学会追求父母投射在你身上的梦想，而非你自己的梦想。雪上加霜的是，由于父母会积极鼓励与他们的期望有关的所有行为，所以你会觉得，只有当自己的行为是为了实现他们间接施加于你的目标时，才会有好事发生。这样一来，当你按照父母的意愿行事时，你就会自我感觉良好，而在做其他事情时感到内疚，即使后者会让你更开心、更满足。

- "听话就是好孩子"或者"你要是不乖，我就不喜欢你了"。

    后果：你会明白要想获得别人的喜欢，就必须表现得顺从。这会让你很难设立边界，可能还会患上所谓的"好女孩综合征"。

- 当你试图设立边界时，他们却愤怒地回应："我那么爱你，你却这样对我！"

    后果：这种话的用意是操纵。你会明白在一段关系中设立边界是不好的，因为这意味着你不爱对方。这种思维也会反映在你未来的恋爱关系中。

- "你不想亲亲叔叔吗？去嘛，亲一下，他那么喜欢你。"

    后果：你会明白自己的底线一文不值，重要的是做别人希望你做的事，即使你不喜欢也不想做。事实上，避免儿童时期遭遇性虐待的关键之一是始终尊重孩子的边界。

- "7分还不错，但你的朋友海梅得了9分呢。下次你要更加努力考过他，好吗？""你看你的表妹克劳迪娅，她表现得太棒了，她把饭都吃光了，不像你。""我的孩子要是像你的孩子那样就好了。"

　　后果：当大人们说这些话时，你会认为自己不够好，你会不断和别人比较，并从中获得价值感。这会影响你的个性发展，因为比起发现真正的自我，你更愿意"复制"被周围环境赞许的个性。有些人很早就学会了这一点，并发展出了一种惊人的能力，能时刻融入自己所在的社交群体。

- "我们为你付出了这么多！"

　　后果：这种话的用意是操纵，目的是让你产生同情和内疚感。父母只是对你做了他们想做的事，没有人强迫他们给你任何东西，所以他们这样责备你是不公平的。如果他们经常这样做时你就会明白，为了取悦他们，你最好把自己的情绪、目标和追求放在一边。

- "不许哭，这没什么大不了的。""你真是夸张。"

　　后果：这种话会让你认为自己的情绪不重要，你的感受是不对的。长此以往,你会觉得哭是一件很傻的事,而你是一个烦人、敏感又夸张的人。

对一个孩子来说,和身边作为参考对象的大人保持联结比自己的舒适重要得多,所以面对上述情绪被否定的情况,他们通常会选择让步,并发展出顺从行为。有的人终其一生都深陷其中,甚至成年后也无法摆脱,因此,他们往往会变成情感依赖的受害者。

好女孩综合征

我在上一节提到过这个词,它是童年时期遭受情绪否定的后果之一,现在是时候深入了解这一概念了。

好女孩综合征指的是把别人的愿望和需求看得比自己的更重要。其患者主要是女性,也可能出现在男性身上。

好女孩综合征患者的特征:
- 比起取悦自己,会更尽力地迎合别人。
- 非常乐于助人。
- 过于谨慎,宁可保持沉默也不愿意冒犯别人。
- 很难设立边界。

- 害怕让别人失望。
- 一遍遍反省同样的错误,特别是在自己认为这些错误可能让别人失望时。
- 其自我价值感源于别人对他们的看法。
- 把自己的幸福排在末位。
- 常常感到内疚。
- 避免与别人发生冲突。
- 很在意别人对自己的评价。
- 通常为人温顺。
- 对拒绝非常敏感。
- 会牺牲自己的幸福以成全他人的幸福(无论是伴侣、朋友或家人)。
- 容易将他人理想化。
- 认为所有人都心存善意,如果没有,则应该帮助他们培养善意(并认为自己对这一过程负有责任)。
- 有类似于"如果我是好人,那么所有人都会对我好"的想法。
- 被人欺骗时,他们会认为自己应该为此负责:"这是我的错。"

一些童年经历会导致这些症状,例如:

- 要求过高、不容许孩子犯错的环境。一旦出现这种情况，孩子的错误会被过分强调并给予负面评价。
- 孩子听到了这样的话："你这样的性格，不会有人喜欢的"，"这可不是小淑女该讲的话"或"你要是不乖，就不是好孩子"。

如果你感觉自己符合这些描述，我想告诉你一件事：**你不是好孩子，也不是坏孩子，因为你生来并不是为了取悦任何人**；你是一个想要爱自己、尊重自己，并希望别人也尊重你的人，你可以在必要时设立边界，因为你没有责任让别人满意。不要让任何不属于你责任范畴的人或事成为自己的负担。如果有人因此而生气，那就让他们生气，因为他们确实有生气的权利，但你同样有说出心中想法的权利。在表达想法时，你唯一的责任就是态度要坚定，如果就连这样也有人生气，那就让他们生气。你不能因为害怕别人生气而在你不喜欢的事情上让步，或是忍受让你痛苦的事情。

因此，你要记住两件事：

那些在你设立边界时生气的人，是在你未设立边界时利用你的人。

那些对你设立边界这件事感到不满的人，那么问题主要在他而不在你。

是什么让我们在一段关系中缺乏安全感

在面临危险时,我们首先会寻求与别人的接触,比如目光接触。仔细想想,你就会发现我所言非虚。假如你在和朋友们喝咖啡,突然听到一声巨响,你们肯定会第一时间望向对方。

动物和儿童也是如此,不过是以一种更依赖的方式。网上有一段非常有趣的视频,一头小象在追逐小鸟时摔倒了,然后它迅速起身,害怕地跑回象妈妈身边躲了起来。小孩也有这种行为:面对任何危险或尚不明确的威胁,他们会看向爸爸妈妈,或者跑回他们身边抱紧他们。

无论如何,
我们总是在寻求与他人的联结。

众所周知,有很多事情会让我们在一段关系中缺乏安全感。就像《我爱自己,我也爱你》中提到的那样,许多不健康的行为和态度都会摧残我们的恋爱关系,并影响我们对情感的认知,比如冷战、操纵、间歇性强化和幽灵社交(ghosting),等等。然而,在分析一段广义的关系时,我们会发现,在人际关系中滋生安全感或不安全感的基础是我们对这段关系的信任程度。不,我指的不是唯一的、排他性的信任，即不是确信伴侣不会出轨的那种信心，而是指我们拥有一段稳固的关系，且无论如何，对方都会是我们的庇护所的那种信心。在这样的关系中，我们随时都能寻求并成功实现与对方的联结。

接下来我要谈到一个有意思的概念：**父母建立的安全感圆环**。

安全感圆环是由伯特·鲍威尔、格伦·库珀和肯特·霍夫曼提出的一种干预方案，目的是让父母帮助自己的孩子建立安全型依恋。需要注意的是，我要在这里更进一步。我在诊疗工作中已经证实，安全感圆环同样适用于成年人之间的关系，不论哪种类型。

安全感圆环分为三部分：双手、探索和返回。让我们详细地了解每个部分。

双手：在这个圆环中，"双手"就是安全感的同义词。看护人的双手始终为孩子提供他所需的一切，并在他探索周围世界时陪伴他。

探索：孩子在探索周围环境时感到安全，因为他知道大人就在身后，随时准备满足自己的任何需求。在这一阶段，大人应该看护、帮助孩子并和孩子共享喜悦。

返回：孩子返回大人的"双手"来满足自己的需求，比如保护、安慰、对孩子的某个成就感到喜悦，或者帮助他们管理情绪。

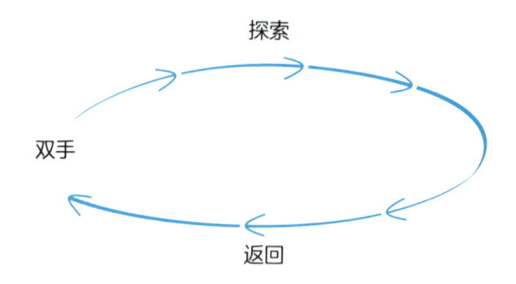

```
        探索
    →  →  →
双手           
    ←  ←  ←
        返回
```

圆环理论的提出者认为,这三个部分是让孩子在亲子关系中拥有安全感的关键,但我要提出两个相关问题。

童年时期未曾体验过安全感圆环的孩子,成年后会发生什么?

为了回答这个问题,我想请大家和我一起看几个案例。

阿兰恰是我的一位患者,她来咨询的原因是想要增强自尊心。在深入讨论之前,我告诉她我需要知道她的故事,弄明白过去发生过什么,以便了解她对自己的负面印象究竟源于何处。于是我们回顾了她的经历,一处小细节引起了我们的注意,我现在要讲的正是我当时对她说的话。

她说,她非常清楚地记得一个场景,当时才九岁的她正在向母亲展示一幅画,而母亲对这幅画不感兴趣,对她的分享无动于衷。由此,她想起有很多这样的时刻,母亲的反应如出一辙。

阿兰恰和其他同龄小孩一样,离开了安全感圆环中的双手,去探索自己的艺术才能，并对结果感到自豪，想要和母亲分享（返回）。本来能加强女儿对母亲安全型依恋的做法是，母亲与孩子一起为她的成果感到开心。

我清楚地认识到，让阿兰恰对自己产生负面看法的症结就在于此。她的主要看护人曾多次表达一种感受，即她的成果并不值得自豪。最终，她患上了"冒名顶替综合征"（关于这一点，后文会有详细介绍）。

阿兰恰的母亲当然没有无视孩子，只要情况允许，她大部分时间都陪在阿兰恰身边。然而，她从来没有重视过这种细节，这在某种程度上影响了阿兰恰对自己的看法。这意味着，即使我们的父母很好，我们也可能会经历对我们造成负面影响的事情，并不一定只有粗心大意的父母才会造成情感伤害。

另一个案例来自罗德里戈，他也接受过一段时间的治疗，因为长期以来，他的焦虑水平和自我要求都极高。在分析他的个人经历时，他意识到他的父亲在应对压力时会重复一种模式。罗德里戈告诉我，有一天，他从儿童公园的滑梯上掉下来，摔伤了胳膊，他的父亲在没有调整好自身情绪的情况下跑过来帮助他，这使得我的患者回到了一双过于焦虑的"手"中。可怜的父亲哭喊着，大概是吓坏了。虽然我完全理解这位父亲的恐惧，但也许那不是当时最恰当的反应。小罗德里戈依赖着身为大人的父亲，但结果是被父亲的恐惧情绪感染,这导致他对当时事态的感知比实际情况更加不安和难堪。假如当时主要看护人能依照安全感圆环理论做出行动,这种情况就不会发生。

罗德里戈的父亲让孩子去玩,发生意外只是偶然。允许孩子去探索是很好的事情,如果父亲在孩子玩耍时表现出焦虑和恐惧,以防有意外发生,那样对罗德里戈来说并不算好事,因为他无法感受到安全感和平静,而这些正是一个孩子需要从他的参考对象那里获得的,只有这样孩子才能无畏地探索周围环境。有时意外可能发生,但可能发生并不意味着一定发生。

这个例子表明,成年人需要调整好自己,才能帮助孩子解决问题。为此,我们要先学会管理自己的情绪。父母并不总是完美的,这可以理解。完美的养育并不存在,能做得不错就已经足够好了。

可能我们的看护人都曾经历过这样的时刻,那就是没能看出或是满足幼年时期我们的需求,这一点也适用于如今的我们,即使如今我们已成了某个孩子的参考对象。接受这一点能够避免我们对自己和别人产生不合理的要求。重要的是在多数时候都陪在孩子身边。尽管我们想要达到完美,不给孩子造成情感伤害,但坦率地讲,这是不可能的。

在我的患者罗德里戈的例子中,他的主要看护人完全没有进行自我调节:他在照顾孩子的过程中放任了自己的情绪,让孩子感到不安。后来，罗德里戈曾在一段时间内非常害怕滑梯（他在探索同一个地方时没有安全感），虽然这种恐惧最终消失了，但从他父亲应对危险的方式来看，罗德里戈感知世界的方式，和他对事物的灾难化看法，可能都源于他曾通过父亲的观点来感知周围环境这一事实。

怎样的做法会是好的呢？假如主要看护人建立了安全感圆环，他就会镇定地靠近孩子，问他发生了什么事，感觉如何，身上有没有哪里疼。尽管身体上有疼痛感，但面对大人的平静，孩子会更有安全感，就不会把它想得太严重。孩子会明白意外可能会发生，但世界并不危险，因为他的成年参考对象并不这么认为，也正因如此，孩子才能完全放心地继续探索。

心理学家所说的情绪调节或情绪管理是一整套技能，这些技能有助于我们在不舒服时，以及情绪不稳定时调整自己。因为这些技能是习得的，所以训练它们十分有必要。我们的确生来就有神经系统，但并非生来就有掌控它的能力，而是需要了解和训练它。我希望你既不要因为曾没有很好地关心别人而感到内疚，也不要因为曾感觉不被理解而指责任何人。你要记住，能够知行合一已经很了不起了。有改进空间总是一件好事，因为这让我们能够进一步成长和发展。

这个理论很有趣，因为我觉得它除了能保持育儿过程中亲子关系的平衡，还适用于人和自己以及周围环境的关系（正如我们在阿兰恰和罗德里戈的案例中看到的那样），甚至同样适用于成年人之间的关系，正如我之前所说的那样。

现在我要问第二个问题了。

成人关系中的安全感圆环也很重要吗?

答案是肯定的。我们应当有这样的感受：无论发生什么，我们的伴侣都会一直在那里，张开双臂迎接我们。注意，我不是说他们要真的二十四小时陪在我们身边，而是我们应该有这样的感觉。这两者很不一样。不仅如此，我们还必须知道，面对可能出现的任何问题，我们之间的气氛都不会是惩罚或漠不关心的，而是关心和理解的。

设想一下，一个孩子做错了事，父母大喊大叫地向他走来，以咄咄逼人的姿态告诉他这样做有多么糟糕，应该受到多大的惩罚。那么孩子就会因内心恐惧而评估形势："我做了很糟糕的事，下次我最好什么也不做"，"我的父母很爱我，但如果我做了他们不喜欢的事，他们也许会不再爱我"。相反，如果在同一情况下，父母平静地走向孩子，向他解释为什么他这样做不好，带着孩子和他们一起反思，并真正理解他们想要传达的信息，那么孩子的反应就会大不相同：他会明白自己做错了什么，但不会出于恐惧而去处理这种情况。成人之间的关系也是如此。

例如，如果我和伴侣之间出现了问题，我的沟通方式将决定她如何看待这个问题，以及我们之间的关系。注意，这一点很重要。

在《我爱自己，我也爱你》中，我谈到了安全型依恋对于成人建立健康恋爱关系的重要性。如果我们把亲子关系中的角色换成伴侣关系的胡安和胡安娜，故事就会变成下面这样。

胡安娜对胡安有所不满，因为他忘了洗衣服，而洗衣机里有她当天正好要穿的那件衬衫。面对这一情况，胡安娜有三种可能的回应：

回应1：生胡安的气，大喊着告诉他自己有多么恼火，他总是这样，而她已经受够了他的粗心。

结果1：面对胡安娜的态度，胡安会自我防卫并反击，因此他会感觉问题远比看上去严重。长此以往，胡安会对胡安娜的怒气发作感到厌倦，并最终认为最好还是不要和她讲话，因为争论是件坏事，而且他也许会觉得，这段亲密关系并不像自己所想的那样稳固，因为有时那个本该爱他、想和他共度一生的女人，竟像是他的敌人。

回应2：生胡安的气，但什么也不对他说，而是等他奇迹般地猜到发生了什么，再逐条解释自己感到愤怒的原因，不仅是因为他忘了洗衣服，还因为他没有意识到她在生气。

结果2：胡安娜的态度导致的结果将和上一条相同，但还要加上一点，胡安什么也不会明白，因为他接收到的信息是矛盾的。

回应3：生胡安的气，但在做出回应之前，给自己一些时间冷静下来，等自己能够冷静地告诉对方需要谈一谈时再谈话，并在谈话中用温和的话语表达自己的不满。

结果3：面对胡安娜的态度，胡安将保持平静，这有助于让他换位思考，理解对方的不悦。胡安会感觉问题并不严重，但对胡安娜来说很重要。长此以往，这种解决冲突的方式将在这段亲密关系中建立起健康稳固的联结。在这种情况下，双方都会下意识地接收到这样的信息："我们之间出现什么问题并不重要，因为我们总能沟通、倾听、理解对方，并一起解决它。争论是件好事，因为它让我们成为更好的伴侣。我们是相爱的。"

回应3是唯一符合成年人之间安全型依恋的答案，也是一段健康稳固的关系所应具有的特征。

情感独立并不存在

现在流行用"情感独立"来指代任何不依赖情感的事物。但事实上，情感依赖的对立面是健康关系，而在一段健康的关系中，双方所建立的是一种相互依存的联结。我们可以在任何一种健康关系中发现这一点，无论友情、爱情还是亲情。它意味着与对方分享事物，分享彼此的空间，但也尊重彼此的个人时间和空间。

我们无法在情感上独立，因为人类是社会性动物，我们需要与他人接触（正如上文所述，我们甚至会寻求这种接触）。我们可以实现自我成长，学会掌控自己的情绪、思想和行为，但这并不等于我们渴望在情感上完全独立或与他人完全隔绝。无论我们多么想保持"情感独立"，别人做的任何事都可能会影响我们。事实上，从相互依存和保持健康关系的观点中诞生了"情感责任"这一概念。虽然《我爱自己，我也爱你》这本书已详细阐述过这一概念，但我还是要提醒你，这个概念意味着我们所说所做的一切（或是我们没有说的没有做的一切）无疑都会对别人产生影响。

正因如此，我们身边必须有人能让我们的生活更轻松一些。

在艰难的时刻，他们会陪伴和倾听我们的心声，给我们建议。有时，得到一个拥抱会让事情变得大不相同。

我认为社会关系是舒适生活的一部分，而且我相信，想要在不依靠这些关系的情况下感觉良好是不现实的。

这并不是说我要等待某个人来解救我，给我带来幸福。因为我自己不懂得如何创造幸福，或是明知维系一段关系会让我不快却无法打破——这种情况确实是情感依赖。我只是说我们生来就需要彼此建立联系，不能为了追求个人主义倾向的潮流就忽视自己的天性。

孩子需要与大人建立联系，以确定自己的感受，这也是他们被称为情感依赖型儿童的主要原因。相反，成年人并不需要根据别人的反应来决定自己的感受，因为我们有能力在与别人建立联结之前，先与自己建立联结。

但这并不意味着我们能独立于其他人而生存。成年人也需要身边有人陪伴或提供安全感，尤其是在遇到不顺心的事情时，这会给我们信心，让我不断进步。

冒名顶替综合征

在上文中我说过,阿兰怡最终患上了冒名顶替综合征。这种心理现象指的是,一个人感觉自己的成就没有价值,自己的能力不足以完成任务。

冒名顶替综合征的特点是,患者认为自己没有足够的能力或经验来完成某事;他感觉自己是个骗子。

冒名顶替综合征患者的特征:

- 完美主义者。为了达成某件事会非常努力。
- 有一种非理性的恐惧,害怕别人"发现"自己的成就名不副实。
- 把自己的成功归于运气好、处境轻松等因素。
- 认为自己没有能力完成新的挑战。
- 不自信。
- 害怕被评判。
- 害怕让别人失望。
- 认为别人比自己懂得多,尤其是在工作和学习方面。

如果你感觉自己符合上面的大部分描述,请牢记应对这一综合征的小贴士：

- 及时发现你内心的"冒充者"。
- 不要相信他对你说的话，那些话总是基于不安和恐惧，而非理性。
- 列出你的成就清单，提醒自己有多少事是通过努力达成的，从而削弱"冒充者"的力量。
- 面对别人的赞扬，简单地道谢就好。
- 从积极的一面看待自己的错误（提示：比如你总能从中吸取经验）。

第2章
情感伤害

情感包袱

我想说,我们生命中的一切经历都会成为我们的情感包袱。这个比喻的意思是,不论哪种情感印记,都将始终伴随我们,影响我们的人生经历。我们在童年时期学到的东西会在青春期得到反映,而我们在童年和青春期学到的东西,将会在成年后得到体现。

如果你曾被父母无视,你将学会不指望任何人。

如果你曾被虐待,你将学会不信任他人。

如果你曾被操纵,你将学会操纵他人并认为这很正常。

如果你曾遭受情绪否定,你将学会自我否定并否定他人。

如果你总是被苛求,你将认为自己不够好。

如果你曾被过度保护,你将认为世界是个危险的地方。

如果你曾被信任，你将学会自信并信任他人。

如果你曾被允许安心地探索，你将明白自己有能力独自完成一件事。

如果你曾得到过健康稳定的爱，你将学会以健康的方式去爱。

我们会把童年时期来自主要看护人的信息内化，而且我们当时感知自己和周围世界的方式将伴随着我们的成长。

在动笔写这本书之前，正如你们所知，我觉得有必要重新审视自己。我称之为"崩溃"的那次经历促使我停下脚步，弄清并接受现状，以便释放焦虑。于是有一天，我去父母家看了自己小时候的照片（如果你想研究和理解自己的过去，我强烈建议你这么做）。我花了整个下午的时间翻看相册和纪念品，这让我回想起过去的画面、思绪和情感。

我想我有一个非常快乐的童年。我的父母总是关心我的需求，在我遇到困难时给予支持，在我取得成就时为我喝彩，也从未让我卷入大人的问题中。总之，他们给了我足够的情感庇护，是我可以出发并返回的可靠"双手"。

尽管如此，在父母家翻看相册的某个瞬间，我还是感觉自己必须深入了解我很久之前就应该面对的一件事：我父亲的过去。

正如我在序言中所讲的，那时我父亲经常在外工作。这没有任何问题，因为他会尽力弥补在家庭中缺失的时间。

我还记得周末在乡下看星星的场景。他给我买了一架望远镜，让我近距离观察月亮，他还告诉我有关浩瀚太空和夜晚的秘密。

我还记得在家里玩捉迷藏的那些早晨，以及全家一起在客厅看电影的那些夜晚。

我的父亲是一名鞋子设计师，所以我还记得他经常带我去他的工作室，向我解释他的工作内容，然后他会一边放音乐，一边和我一起画图。

有一次，我在看电影《哥斯拉》（Godzilla）时被吓到了，于是他暂停播放，和母亲一起向我解释说，也许哥斯拉是个人偶，也许片场后台有个人正在边喝冰可乐边欣赏自己的杰作。这让我感到平静和安全。我不必害怕，因为没什么可怕的。

我从父亲那里学到了一件对我产生了极大积极影响的事，那就是借助图表来厘清个人问题。小时候，不论遇到什么问题，我都会去敲父亲办公室的门："我能进来吗？我遇到了一个问题。"他会认真听我讲完自己的烦恼，然后拿出纸笔，把我告诉他的信息转变成线条、圆圈和其他各种图形。等我的问题以图表的形式呈现出来，他就会问我："你觉得我们能做些什么呢？"长大后我开始觉得，他这样问是为了让我不要懈怠、自己思考。现在我明白了，他在问我的时候已经有了答案。就这样，不管需要多少时间，他都会陪着我思考，还会逗我笑，我想正是因为这样，我现在才能够笑对生活中的所有烦恼，并且更自信地面对它们。当我平静下来时，他就会结束这场"谈话"，然后我会高高兴兴地离开他的办公室，准备去征服世界。

每天我都会特别提醒自己这一点，因为每天我都会用图表的形式向患者说明情况，就像父亲当时对我做的那样。有时我甚至觉得，我的大脑只有借助这种方式才能运转。

正如你所想，只要情况允许，父亲总是尽可能地用心陪伴我。而他不在我身边的日子，他也会在情感上弥补我。

我的母亲始终很关心我，无论是在身体上还是情感上。每天早上她叫我起床，为我准备早餐、午餐和点心，接送我上下学，在我生病时照顾我，辅导我做作业，每天都询问我的学习情况和学校里的新鲜事（后来我上了中学后也是如此）。她给我提建议，陪我逛街、玩耍、跳舞、做饭和画画，带我去公园，向我讲解日常琐事，有时还给我买糖果。当我遇到困难时，她始终是我第一个求助的人，因为她总能理解我、替我保守秘密，陪我一起笑一起哭。

无论父亲还是母亲，都会在我需要时陪在我身边，给我支持和力量。他们的言语和行动都告诉我："只要你愿意，你随时可以回来。这里永远是你的家。"

他们两个都以各自的方式见证了我人生的大部分时光，多亏了这一点，我在成长过程中建立了安全型依恋。我觉得我有一对非常好的父母。

说实话，我们偶尔也会争吵，但那只是因为小孩子对边界感的需求（设立边界与安全型依恋并不冲突）。

然而，问题的关键在于，我父亲总是对自己的要求很高，不知不觉中，我也继承了这种人生态度。

在深思熟虑后，有一天，我终于决定直面那让我害怕的真相。

审视自己的过去就是这样的，你一方面想要知道、了解和发现一些事，但另一方面你又不想这么做。对唤起痛苦情绪的恐惧会攥住你，让你屡次拖延，生怕你发现的东西会让你感到痛苦。但你必须勇敢，之后你会感谢自己的勇气。

当时我们在乡下，刚吃过午饭，正在桌边闲谈。我突然不假思索地对父亲说，我想和他单独谈谈。

如果不是为了写这本书，我想我永远也没有勇气说出这些话，但我想告诉你我都做出了哪些个人努力，为此，我必须打开这个潘多拉之盒。我对自己可能发现的一切感到害怕，同时也羞于表达自己的推论。但我始终认为，在了解别人之前，最好先了解自己，因为这是一个探索自我，实现个人成长的绝佳机会。

父亲站起身，毫不犹豫地和我一起在田间边散步边聊起天来。

"我想知道你的童年是什么样的。"

他没太明白我为什么要问他这个问题,但他开始告诉我一些我已经知道的事情。他是五个兄弟姐妹中的老大,由于父母无力支付学费,他没能上学,不得不早早地以制鞋为生。在那时的埃尔切地区,制鞋业是最有出路的行业之一。

这是个不错的开头,于是我针对他话中隐含的责任感继续发问。

他说:"我觉得我有责任照顾我的弟弟妹妹和家人。父母赚的钱很少,需要帮助才能把孩子们拉扯大,所以我做了我当时认为正确的事。"他说这些话时,目光望向远方的地平线。

听到这些,让我感到心碎。我开始明白了很多事情。

我们信步走了很久,父亲一边回顾自己的一生,一边给我讲他的趣事。身为长子,他觉得自己应当以身作则,必须为他人而奋斗,必须表现出坚强以及强烈的责任感。亲爱的读者,这就意味着要对自己高度负责并严格要求。

我从小就观察到父亲无可挑剔的行为举止。他从不失败,从不出错;他总能掌控一切,总能提前预见事情的发展。人们常说"背靠大树好乘凉",这话再恰当不过了。我的父亲正是一棵超级大树,他毕生都在努力保护自己所爱的人,不让任何人失望。他是如此强大,以至于在某种程度上,他对我都有点过度保护了。

并不是成为超级父亲才算是好父亲,但难道有人从不自我怀疑，明确地知道怎样成为好的父母，把一切事情都能做得完美且恰如其分吗？我不知道我是否会成为一个好母亲，但我知道，我会像世上无数父母那样，尽我所能做好一个母亲。我相信这就足够了。

父亲对我的过度警惕让我意识到，也许世界是个危险的地方。我不被允许独自做很多事情，"小心"也许是我从他们口中听到过最多次的词语。这我能理解，我真的理解。我是父母期盼已久的孩子，他们承受不起失去我的代价。当然，他们也给了我自主权。但据母亲说，我从很小的时候就会努力争取这一自由，我会说"我自己来"。由此可见，我生来就是这种性格，真是三岁看大，七岁看老。

我和父亲回顾了共同度过的美好时光，然后我对他说："爸爸，我绝对不是对你有什么不满，相反，我很钦佩你为我所做的一切。但我知道，如果生活经历让一个人变得苛求和严格负责，那这个人最终会在无意间把这些品质体现在教育子女中。现在我认为，也许正是它们在某种程度上让我感觉自己始终不够好。"

父亲深深呼出一口气，点了点头，眼眶湿润地对我说："我只是想把事情做好。"

我的泪水夺眶而出，就像此刻我写下这些话时一样。我答道："而我只是想让你为我感到骄傲，让你看到我可以做到。"

我觉得这次交流就像多年后的冰释前嫌，因为我们曾就我的独立问题争吵过很多次。

在我的青少年时期，我曾多次感到孤立无援、濒临窒息。我感受到父亲太想要保护我，以至于总是否定我，并在不知不觉间把他担心我发生意外的恐惧转嫁到我身上，这让我经常担心自己或我所爱的人会出事。他时常陷入灾难化思维，试图帮我避免问题，并提醒我我的行为可能带来的后果，于是我会一遍遍回想已经发生的事，以至于精疲力竭。他不想看到我受苦，不想让我犯错，可犯错和受苦也是一个人成长的一部分。否则，我怎样才能学会独自面对困境呢？我不否认，成年后我曾多次把自己的挫折归咎于他，但只是在心里这样想，因为我知道跑到他面前冲他喊，"喂，我现在经历的一切都是你的错"很不公平，实际上我自己也觉得并不全然如此。直觉告诉我，这幅拼图还缺了一块，不能这么匆忙地下定论，特别是我知道，我们对过去都无能为力，这样的指责只会让父亲产生深深的愧疚感。细细想来，这与其说是父亲的课题，不如说是我自己的课题。事实也的确如此。

我们两人紧紧地拥抱在一起，久久不愿分开。分开时，父亲努力微笑着回答我："我已经很为你感到自豪了！你不会再怪我了吧？"

我笑着告诉他，过去几个月我过得有多艰难。我谈到了我的焦虑和疲惫，对他坦承自己撑不下去了。出乎意料的是，我们之间的共同之处远比我想象的多。他在几年前也曾饱受焦虑之苦，所以，作为一个已经懂得赋予生活积极意义的人，也作为一个父亲，他对我说：

不要忘记，你自己是最重要的。

如今我已经三十二岁了，父亲偶尔还是会陷入灾难化思维，但现在我明白了，他这么做完全是出于好意，目的也很明确：保护我。于是，每当我听到他预言某件事会有糟糕的结果时，我就会对他说："确实是这样，爸爸，我会把你告诉我的这些都考虑进去的。"这样他才会安心。

我本可以给他上一节心理教育课，讲讲恐惧、担忧、灾难化思维和焦虑等问题。我并不缺少专业手段，但我不能对他这样做。

他是我的父亲，我不应该给他上课。在一个分工明确的家庭（或系统）中（父母扮演父母的角色、孩子扮演孩子的角色），如果我扮演了父亲的角色，并对他讲人生道理，这可能会导致系统失衡，从而让父亲感到不适，并对我的话置之不理，继续我行我素。父母和孩子都应该各司其职。如果哪一天，父亲需要和我谈谈自己的恐惧，那我会和他谈的。在那之前，我会袖手旁观，最多委婉地向他提一些建议："爸爸，我读了一本非常好的书（有关焦虑、恐惧等话题的书），你想让我借给你看看吗？"

在这些委婉的建议中，我也可以开开玩笑。我有时会大喊："世界末日要来啦！"或者我会告诉他，他超级适合给电影《死神来了》（*Final Destination*）当编剧。其他时候，我会带着笑意用友好的口吻回答他："爸爸，我已经独居好多年了，现在还没有死掉，我想我能照顾好自己。"总之，现在的我再也不会像过去那样气恼，对他的态度有了不同的看法。我不过是记住了他会这样做的原因，接受了他的情感包袱，接受了他本人，也接受了我自己。

了解他的过去让我理解了为什么从前他会那样对我，也让我转变了自己的想法和情绪，并进一步转变了我和他之间的关系。我坚信这是关键所在。

<u>我们时常会把父母理想化，当他们的行为不符合我们的预期时，我们就会生气。</u>但我们忘了他们也是人，也有自己的故事和情感创伤，他们也会犯错，或者只是按照他们认为最好的方式行事，而非按照我们所期望的那样。

时至今日我也能想起，自己曾多少次目睹父亲所遭受的情绪否定。这么多年来，我经常听到别人对父亲说："你真夸张！"总有人这么说。出于对父亲的同情，这些话让我心痛。因为虽然我知道，正是他的"夸张"让他对我过度保护，而这一点深深影响

了我。可从未有人告诉过他："我明白你担心你的女儿，你很爱她，不想让她经历任何不好的事。"从来没有。我从前总是抱怨自己的情绪被否定，可他这一辈子都在遭受同样的事情。

我说过了，这并不容易。

我明白，有些人的家庭关系很复杂，我讲自己的故事也不是为了作比较，或是让你和我做同样的事，但我确实想通过这个故事告诉你一个对我和我的患者都产生了重大影响的事：认识、理解和接受身边人的情感包袱是一项很重要的能力。

是否有必要原谅他人

原谅并不总是意味着忘记，当然也绝不是为别人对你造成的伤害开脱或找借口。同样，它也不意味着你要与伤害你的人和解，或者他们不应承受任何后果。

原谅指的是，放下伤害过你的人或事，为过去关上一扇门，摆脱情感包袱，继续生活。

原谅意味着让伤害过去。

这并不容易。

我的一些患者，在非常努力地尝试改善家庭关系或设立边界后，最终决定断绝关系。他们从逻辑和情感层面理解家人的感受，也知道他们的过往，尽管这让他们能够原谅家人，但他们决定选择不忘记，因为这些患者认为，家人对自己所造成的伤害很严重，是无法弥补的。归根结底，每个人是自己生活的主人，知道什么对自己有利，什么对自己无利。我还遇到过一些人，他们不愿与父母共情，认为自己无法在任何方面与父母产生共鸣，因为他们是父母疏忽、暴力和高度操控的受害者。

无法共情对自己造成巨大伤害的人，这很正常。在极端情况下，人甚至根本做不到这一点，强行共情会让我们与自己的价值观产生冲突，并将我们置于自我对抗的境地。没有人能应对这种局面。然而，决定原谅的那些人，也将得以"把自己从多年的枷锁中解放出来"。"她对我的伤害已经够多了，我不会让痛苦的回忆继续影响我现在的生活。"阿莉西亚告诉我，她决定永远放下背负了这么多年的、由母亲造成的情感重担。

亲情，就像爱情或友情一样，也可能是有毒的关系。

处理这些亲密关系是非常复杂的，而且很多时候，即使付出了很多努力，受到影响的人还是决定为这段关系画上句号。这不是什么坏事，而是值得尊重的事，或许也是最好的选择。

无论原谅谁，无论我们和那个人有怎样的联结，都需要时间和大量的个人努力。最后，我们谈论的开启人生新篇章，摆脱把我们束缚在过去的情绪，放下情感包袱。

但如果你想寻求平静，你就需要原谅。

我相信，当我们允许自己向前看，放下复仇的念头时，即使最强烈的痛苦也能转化为怀念和回忆。

如果你不愿意忘记，那就不要忘记。如果你不想，就不要在与那个人（让你痛苦的人）迎面相遇时假装无事发生。如果别无选择，就切断你们的联结。如果你认为有必要，就设立明确的界线。

但是要原谅。

你要原谅。因为怨恨会慢慢滋长，直到将你完全困住。而当你被困住时，唯一受伤的人就是你自己。

◦ 情感伤害 ◦

情感伤害是各种经历给我们留下的心理伤痕。这些创伤是我们情感包袱中尚未愈合的伤痕,是在我们尚未拥有应对复杂局面的工具时产生的。有时,它们与客观事实无关,而是与我们对那段经历的理解和当时的孤独感有关。

> 为了理解这一点,首先要知道,我们可以把发生在人体内和人体外的事情分成两类:
>
> **内因**:指的是我们与生俱来的东西,比如每个人的性情(这是由生理因素决定的)和遗传特质。
>
> **外因**:指的是从外部影响我们的因素,比如家庭、与他人的互动,以及所经历的事情,等等。
>
> 二者都很重要,但它们能否影响我们则取决于二者之间的相互作用。

接下来,我要讲一个我很喜欢的理论,因为它解释了内因和外因是如何影响我们的。

水杯理论

想象一下,有三个装了水的杯子,每个杯子的水位不同。第一杯的水大约一指深,第二杯的水有半杯,第三杯的水几乎与杯口齐平。

这三个杯子就是在不同情境中的我们。每个杯中的水象征着我们的先天因素,比如对不同生理和心理疾病的易感性或者性格。内因就像基因彩票,无法选择也无法改变。

现在,场景中出现了一个水壶。

水壶代表外因。不定量的水可能会被倒入任意一个杯子,然而,要想知道倒入多少水后杯子会被注满,或是它能在多长时间内保

持不溢出，杯中原有的水量是重要的先决条件。在这种情况下，杯中的水溢出等同于某种情绪问题的爆发（非安全型依恋和焦虑症、强迫症、抑郁症、厌食症、精神分裂症、双相情感障碍等）。

接下来，我们往第一个杯中倒入了十滴水。

由于杯中原本只有一指深的水，所以我们几乎察觉不到变化。

现在请想象我们往同一个杯子里倒入了半壶水，大概有三千滴，我也不确定（这个数字纯粹是瞎写的，只是为了方便说明而已）。

当外因超过了一个人所能承受的极限时,也就预示着杯中的水会溢出,而这个人终将出现某种情绪问题。这张图形象地表现了一种非常非常艰难的人生处境。

现在让我们对第二个杯子,也就是有半杯水的杯子做同样的事——往里倒十滴水。

和第一个杯子一样,我们几乎察觉不到变化。然而,对于这只杯子,并不需要倒入半壶水才能让它溢出,差不多一小股水(可能两百滴)就够了。也就是说,对于这个人而言,少量复杂情况就会引发某种情绪问题。

我们接着来看第三个，也就是最满的那个杯子。你已经知道会发生什么了，对吗？只需十滴或者更少的水，它就会溢出。

这个例子想说明的是，对于先天十分敏感的人来说，任何一个外因都可能成为"压倒骆驼的最后一根稻草"。

这也解释了为何有些人一生中从未出现情绪问题，而有些人却或早或晚、或多或少地出现情绪问题。

我要讲一件很有趣的事情。尽管我和妹妹同父同母，生长环境也几乎相同，但她看待和处理事物的方法却与我完全不同，举个例子，当读到这本书的序言时，她对其中有关非理性恐惧的三个例子感到十分惊讶，并对我阐述了她对"非理性恐惧"的理解。她说："你说的这些我根本没有想过。从车里看星星的时候，我很有安全感，实际上这让我感觉非常好。我也很喜欢我们的新家，虽然我知道我也看到了教堂里的蜡像，但我甚至不记得了。"这恰恰证明了刚刚提到的水杯理论，即相同的情况也会对我们产生不同的影响，这取决于我们的个人特征。

两个人从同一个起点出发，最终却有可能到达完全不同的目的地；也可能从不同的起点出发，最终却殊途同归。这是因为，虽然我们的经历很重要，但我们看待这些经历的方式却更为重要。

同样，我也希望你知道，有越来越多的研究表明，非安全型依恋（以及由此导致的情感创伤）与焦虑症、强迫症、抑郁症和人格障碍等问题有关。

问题的关键在于，复杂的情况往往会导致心理失衡，这时就需要大脑运用现有的工具来恢复平衡，这些工具对每个人来说并不相同，甚至对于我们想要达成的目标而言也不一定是最合适的。例如，通过回避一切让你害怕的东西来避免让自己感到危险，通过药物来调节情绪，或是通过滥交来寻找爱情。说到底，这或许是我们当下仅有的工具了。

根据我们所面临的不同压力、压力出现的时机，以及那个阶段在我们周围的人，我们拥有的工具也有所不同。

这让我想起了丹尼尔的案例。那是一个二十五岁的小伙子，他来找我是为了解决最近与二十六岁的克里斯蒂安分手的问题。

对丹尼尔来说，弄清楚自己的恋情为何失败非常重要。他需要了解已经发生的事情，以便理解、接受并放手。

咨询过程中，丹尼尔经常讲到他和前任的冲突。在他讲述的同时，我分析了他们两人的行为，我总觉得克里斯蒂安在操纵丹尼尔，所以后者才会在每次试图理清头绪时感到困惑。

"为什么看不出他在操纵我？现在你告诉我了，我很容易就看出来了……"有一天，丹尼尔对我说，"假如当时我知道这一点，我就可以把话题引向别处。"

"丹尼尔，别对自己这么苛刻。"我说，"我刚刚从另一个角度向你解释了当时的情况，现在你明白了事情发生的原因，我给了你新的信息作为工具，所以你才能这么容易地弄清当时的情况，并寻找别的解决方式。但过去的你并没有这种工具，你只是做了你当时能做的。"

事实正是如此，亲爱的读者。信息也是一种工具。信息就是力量。这就是为什么我始终如此强调解释事情。理解有助于我们理清头绪，提供安慰，让我们能够向前迈进，不断改进。

在上一章中我说过，婴幼儿把哭闹当作吸引大人注意的主要手段，目的是让后者帮助他们调节情绪或改善某种不适的处境。我想你已经意识到了，童年是一个人最脆弱的阶段，因为那时我们掌握的工具最少。

在成长过程中，我们逐渐获得了新的工具（主要是成人提供的）。进入青春期后，尽管仍然需要父母或看护人，但我们已掌握了更多工具，因此在面对世界时对他人的依赖会大大降低。

成年阶段也是如此。随着年岁渐长，我们会掌握更多知识，但这并不意味着我们会随着时间的推移而成为"专家"，知道如何应对困难局面。我们总在不断地学习，而且我认为在大多数情况下，我们并不总是那么幸运，能够拥有可以完美解决问题的工具。这就是为什么我喜欢说，面对问题时，我们会运用当下已有的知识和工具。

在高度紧张的时刻留下的伤痕会成为我们的印记，并在成年后影响我们的生活质量。那些童年时期的伤害会对我们产生最深远的影响，因为那是我们最脆弱的阶段，大脑正处于全面发育阶段。

然而，曼努埃尔·埃尔南德斯·帕切科在其理论中指出，人们不只是在小时候，而是在任何年龄段都极有可能遭受会改变我们依恋类型的伤害，因为压力事件在任何时刻都有可能发生。的确如此，时间流逝，人在成长，而生活会继续。青春期、青年期和中年期，是我们继续与他人建立关系的阶段，也会不断经历不同的事情。

因此我们要知道，依恋类型并不是一成不变的，它从童年时期开始形成并有所变化。正如我在《我爱自己，我也爱你》中所说的，一个人可能在出生成长的过程中是百分之百的安全型依恋人格，但在经历了一段有毒的关系后，很可能会变成焦虑型依恋。同理，可能有人在与父母相处的过程中发展出了焦虑型依恋，但多亏个人的努力和经历，转变为安全型依恋；也可能有人在童年时期形成了安全型依恋，并保持了一辈子；而一个孩子可能在成长的过程中是安全型，但在学校里遭受了霸凌，就变成了非安全型；也可能有人本来是焦虑型，但在经历了一段时间的治疗和健康的关系后，变成了安全型。

如果知道了这一点，并清楚了任何时刻都有可能发生高压事件，我们就会明白，除了童年，个人经历的其他部分也会影响成人的依恋类型。

正如我现在要向大家展示的那样，所有经历决定了我们的依恋类型，这些依恋类型的特征也会在我们应对各种关系（友情、恋情和亲情等）中的情感冲突时有所反映。

成人的四种依恋类型

让我们来看看对于成人依恋类型的定义。

安全型依恋：
- 你能轻松地向伴侣表达爱意。
- 你非常享受你们之间的亲密，不会过多地担心这段关系。
- 你在与伴侣相处时感到自信舒适，但你同样享受自己和伴侣的独立性。
- 你喜欢和伴侣共处，但也懂得给对方空间。
- 你在亲密关系中感觉自己是得到回应的。
- 你在处理情感冲突时不会感到不自在，任何问题都能从容应对。
- 你懂得表达自己的感受和需求，并回应伴侣的感受和需求。
- 你不害怕被抛弃，对这段关系有信心，而且你知道如果有一天感情不顺利，你必须接受，哪怕会很痛苦。
- 你会在需要支持时向他人求助，并在必要时向他人提供支持。

焦虑型依恋：

- 亲密关系往往会消耗你大量的情感能量。
- 你会尽力避免独处。
- 你需要他人持续的关注和认可。
- 你会否认自己的情绪和需求，专注于照顾他人的情绪和需求。
- 只要能让你感觉自己有价值和被接受，你愿意做任何事。
- 你容易冲动。
- 你很难喜欢、接受和照顾自己。
- 当你犯错时，你会有强烈的内疚感。
- 你会持续地为亲密关系感到忧虑，以至于你的一切都围绕着这段关系。
- 你对挫折和不确定性的容忍度很低。
- 你害怕对方对这段感情的期待与你不同，这让你产生了对被抛弃、孤独和被拒绝的恐惧，从而使你过分关注细节，比如对方情绪、表情和行为的变化。
- 你能凭直觉准确地感知别人的态度，但你通常很介意这些态度，这对你很不利，因为它很容易让你感到愤怒。另外，你很难控制自己的冲动，往往会把事情搞砸，虽然事后你会后悔并感到内疚。

- 你经常发现自己在没事找事,这就是典型的焦虑型依恋。
- 你总是陷入抛弃恐惧悖论中(我会在后面解释它是什么)。
- 你有很强的同理心。
- 你很容易掏心掏肺,且总是在寻求亲密情感,哪怕对方并没有准备好。有时,这会使你觉得伴侣并不像你想的那样爱你。
- 没有伴侣时,你会感到痛苦。
- 你很难放弃一段关系。
- 分手让你非常痛苦。
- 你对建立亲密关系的渴望,有时会把你的追求者或伴侣推开。
- 你很依赖他人的认可,并常常怀疑自己的价值。
- 你容易把伴侣理想化。
- 你倾向于让别人来掌控一段关系的节奏。
- 发生争吵时,你需要立刻解决冲突。如果你知道自己和伴侣仍在生气,你就无法安睡。
- 如果伴侣给予你大量关注、平静与安全感,你就会抛开烦恼,感到安心。
- 你倾向于与对方相互依赖。

- 你的心情很大程度上取决于你所爱的人。

回避型依恋：

- 你通常是一个疏离冷漠的人。
- 虽然你不害怕承诺，也喜欢和伴侣变得亲密，但过度亲密会让你难以承受（所以你经常向对方发送令人困惑的信息）。
- 在情感上与他人紧密联结或信任他人会让你感觉不适，因此你往往会十分强调设立边界的重要性。
- 你周围的人经常抱怨，你总是与他们保持情感或身体上的距离。
- 你很难表达情感（说出"我爱你"可能是一个重大的挑战）。
- 你很难谈论自己的情感、想法、期待，或是亲密关系的发展过程，无论是友情、爱情还是亲情。
- 你认为自己在情感方面能自给自足。
- 虽然你可能会非常爱一个人，但伴侣通常不是你的优先考虑对象。
- 恋爱关系不会给你带来太多困扰，如果恋情不顺，你也不会过于惋惜。

- 你很难产生亲密情感，因此你的多数人际关系都流于表面。
- 如果你被人拒绝或伤害，你通常会远离他们。
- 伴侣只要有一丝想要控制你或侵占你领域的迹象，你就会采取防御措施；你非常重视自己的独立性和自主性。
- 你习惯于把前任理想化。
- 出现争吵时，你需要远离对方。
- 当别人的情绪反应对你来说不合逻辑时，你通常无法理解他们的反应，因此你常常会认为这件事情（引起别人不合理情绪反应的事情）没什么大不了的。
- 处理情感冲突会让你感觉不自在，你更想对这些冲突避而不谈。
- 当感到某人（伴侣、家人或朋友）依赖着你或是你依赖着某人时，你会变得沮丧。
- 当你意识到自己需要别人的帮助来处理你与自己或他人的情感冲突时，你会感觉不适。

紊乱型依恋：

- 你的人际关系总是爱恨交织。
- 面对冲突时，你的反应很激烈，哪怕是在以和平的方式解决，你也会保持攻击性。

- 你的人际关系通常都是对抗、戏剧性和不稳定的，且充满情绪起伏。
- 你极度害怕别人伤害你、不尊重你的边界（害怕被背叛）。
- 在人际关系中，你一直处于防御状态。
- 为了避免被背叛，你在人际关系中会保持过度警惕。
- 你在一开始与他人建立联系时并不信任他们。
- 为了减少危险，你力求掌控一切。在处理嫉妒情绪时，控制是你最主要的工具。
- 有时，你的行为和感受之间似乎没有任何联系。
- 你不了解他人的边界。
- 一方面，你可能害怕被抛弃，但另一方面，你也很难与人变得亲密。

抛弃恐惧悖论

当一个人的行为受到强迫观念的支配时，就会陷入抛弃恐惧悖论。

如果一个人害怕被抛弃，他就会采取特定的措施，避免被与其建立联结的那个人抛弃。

这些措施的目的是控制和检查对方所做的一切，很多时候这些做法已经接近骚扰了。例如，进行指责性审问，强迫性检查对方的社交媒体，或偷窥对方的电脑和手机（索菲娅王后青少年中心[1]的一项研究显示，在14~19岁的青少年中，有62.9%的受访者认识会检查男朋友手机的女生，58.6%的人认识会检查女朋友手机的男生。这项研究还发现，更多时候是男生告诉他们的女朋友，可以和谁说话，不可以和谁说话）。

对于人际关系——无论恋情还是友情（虽然这种事在恋爱关系中更常见）——中的另一方而言，这种行为会让他们感到窒息，从而最终放弃这段关系。这也加剧了对方对于被抛弃的恐惧，而这本就是一种自我实现的预言。

---

[1] 西班牙反毒品援助基金会（FAD）下属的私人独立机构，其目标是促进和发展关于青少年的社会文化背景、社会化及其所面临风险的多学科分析。

在其他情况下，结束关系是一种很常见的防御机制（这是面对情感困境时的一种下意识反应）。换句话说，由于缺乏对周围环境的控制，这些人预见了灾难性的决裂，宁愿抢先打破这段关系，也不愿信任对方并直面自己的恐惧。例如"为了预防可能被抛弃所导致的痛苦和煎熬，我决定先抛弃这个人"，以及"在我的伴侣不再爱我并选择另一个人之前，我要结束这段关系，从而消除痛苦的可能性"。这一切的发生，除了猜疑本身，没有任何其他依据，这种怀疑源自情感伤害或对爱情和友情的非理性观念。

我在成长过程中是安全型依恋人格。尽管过去发生了很多事，但我和父母的关系是安全稳固的。然而，过度保护造成的后果被留在了我的潜意识中，因此在面对初恋关系中前男友的回避行为时，我使用了当时唯一拥有的工具：像我父亲那样，为他人付出一切。这正是我从父亲身上学到的。不过，假如我当时的伴侣不是回避型依恋人格，这就不会成为问题，但不巧他正是回避型，所以我的行为最终让他不堪重负。事实上，他当时说我很依赖别人，但我觉得很奇怪，因为在那段糟乱的关系之前，我从未依赖过别人。我的关心引发了他的回避行为，这反过来又让我更加担忧，而这又反过来使他更疏远我……没完没了的恶性循环。实际上，我不是一个依赖别人的人，而是对方在情感方面的缺乏责任感和回避行为触发了我的依恋机制。

有些回避型依恋人格的人会把责任归咎于他人，指责别人过于"情感依赖"，而其实是他们自己没有能力在一段关系中承担情感责任。

我确实曾经是一个依赖别人的人，但那也是在那段关系之后，而非之前。

也许，假如对方是安全型依恋人格，我的行为就不会让他感到那么压抑。

对我来说，初恋是压倒骆驼的最后一根稻草。从那段灾难性的关系开始,我在后来很长一段时间饱受焦虑型依恋带来的焦虑和痛苦。正是因为我的焦虑型依恋人格,以及多年来我对爱情所抱有的错误观念,我才会经历了那么多段依赖关系。

第3章
创伤与解离

什么是情感创伤

这是第一次明确提到"创伤"一词,但我希望你知道,前文已经谈到过这个话题(情感伤害)了。我知道这个词有点吓人,因为我们通常把它与很严重的事件联系在一起,比如性侵犯、意外事故、自然灾害、性虐待或身体虐待,但其实这个词也可以用来定义其他经历,比如那些我们无法将其整合为学习经验的、高情感强度的经历。也就是说,这些经历没能让我们变得更聪明或更强大,而是在我们身上留下了印记,并对我们的人生产生了负面作用。

"创伤"一词源自希腊语中表示"伤口"(trauma)的词汇,因为这正是它的含义——情感创伤。还记得我之前谈到过这个概念了吗？是时候深入探讨了。有些人终生背负着情感伤口，不论过去了多长时间、发生了多少好事，它们仍然不断"流血"。让我们来看下一页的小专栏，这能让我们更好地理解什么是创伤，以及它如何影响我们。

几乎每个人都有不同程度的情感创伤

众所周知，并非所有经历过高压情境的人都会有创伤（请想想前面提到的杯子理论，每个人的先天性情和所掌握的工具都不同），但在某种程度上，我们所有人都有情感创伤。区别只在于创伤的程度。

有些人不记得自己的创伤（在这种情况下，遗忘是大脑用来保护自己免于痛苦的一种防御机制），也有些人难以自拔地在头脑中反复回想这些创伤。但无论如何，所有受过情感创伤的人都会认为这些情况是痛苦的和不快的。

积极经历不会造成创伤，因为尽管这些经历会给我们留下美好回忆，但它们不会像创伤那样深刻地影响我们。这是由生存机制决定的：比起大脑喜欢的情况，它更需要记住危险的情况，好在将来避免它们。

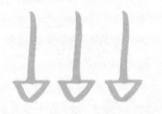

受感染的伤口

请想象你正在切番茄，一不小心割伤了手指。伤口看起来很深，但你决定不去医院在家处理。你用一块布止住了血，又找出绷带缠上。几天过去了，伤口依然很疼，你意识到它可能感染了，但仍然觉得不需要去医院。伤口看上去越来越糟，也越来越疼，但你继续坚持自己处理。日子一天天过去，虽然你的伤口日益恶化，但你置之不理，试图维持日常生活——当然，伴随着疼痛。

有一天，你发现这道伤口让你无法正常生活了：你害怕和喜欢的人待在一起，因为你担心疼痛发作；见朋友也变得痛苦，因为他们不知道你的伤口严重感染了；有时你在工作中也感到疼痛，因为你无法清晰思考；甚至有一些时刻，除了伤口的疼痛，你什么也感觉不到。

实际上，我认为没有人会这么极端。一旦发现伤口感染，我们就会去医院，对吧？带着这样的伤口生活是很痛苦的……不是吗？其实创伤也是如此：这些带来沉重压力的经历就是存在于我们记忆中的伤口，无法凭借大脑本身自行愈合。

而且你知道吗，情感伤口的疼痛甚至可能比外伤更剧烈，但情感伤口看不见，所以仿佛不存在。

创伤受害者可能曾亲历或目睹自己所爱的人经受暴力或悲剧事件，或者曾经历所爱者的死亡（无论动物还是人类）、被动物咬伤、长期住院或长期在恒温箱中生活、被侵犯、巨大的个人失败、抢劫、交通事故、流产、有毒的关系、严重的经济问题、工作不稳定或职场骚扰、一段时期的高压工作（比如许多夜以继日与新型冠状病毒战斗的医务工作者），还有患致残疾病的人、遭受过自然灾害的人、感觉被自己的挚爱之人背叛了的人（例如不忠）、面临搬家的人、与朋友分离的人，以及反复遭受来自主要看护人或其他亲属的忽视、性虐待、侵犯、身体及情感虐待，或目睹过家暴的儿童，还有长期经历家暴的成人、遭受过严重霸凌的人，或曾在难民营生活过的人等。

长期或反复遭受创伤的受害者没有机会在被伤害的间隙恢复情感平衡，这导致他们陷入一种过度警惕和持续担忧的状态中，并把本可以用于其他事情的能量都用于自卫和生存。

受害者年纪越小，创伤越复杂，也就越严重（别忘了小孩在面临不同情况时并没有过多的资源和工具，因此一切经历对他们的影响都会更大）。

显然，创伤经历一定会对个人产生某种影响。

我这么说是因为有很多证据表明，导致依恋类型发生变化的因素总是创伤，特别是与人际关系有关的创伤。

改变我们依恋类型的情境

童年时期的哪些情境会造成严重创伤，以至于让我们发展出非安全型依恋呢？请看以下几个例子。

- 不被倾听或遭受情绪否定的孩子（这意味着孩子在情感上被忽视，无论是真实的还是感受到的）。

后果：他们学会了抑制痛苦情绪，因为他们觉得表达这些情绪会造成负担或困扰，于是他们决定只做别人希望他们做的事，这使得他们产生了控制周围环境的需求（"如果我观察到父母的喜好并照做，他们就会高兴，我也就不会烦恼。这对我有好处，这样我就不再需要表达，反正就算表达了，也会被否定或无视，这只会让我感觉很糟"）。由于害怕再次被抛弃，他们将学会只与别人建立表面的联系。他们无意识地接收到了这样的信息："你要自己调节自己"，"即使你告诉我你的想法和感受，我也不在乎"，"你的感受是不对的，你有问题"，"你的观点不重要"，"你对我不重要"。

- 遭受过身体或情感虐待、侵犯或性虐待的孩子。

后果：他们学会了不相信任何人，尽管他们也想去信任。他们通常会在最亲密的关系中同时感到"我爱你"和"我不爱你"，以防你可能会伤害我。他们学会了服从权威，并认为要想被接受就必须受苦。他们接受了感到自己没有价值这件事很正常。因此，他们很难用积极方式看待自己。他们对自己产生大量的愤怒和憎恶，而这些情绪是由虐待者或侵犯者投射在他们身上的。他们无法清楚地识别自己的边界或与他人相处的边界，往往一生都很难与他人建立联结。他们的行为模式也很极端：要么表现得非常亲密和依赖，要么非常冷漠、回避和疏远。他们的态度没有条理，也不连贯。他们无意识地接收到了这样的信息："你无足轻重""你一文不值""你不值得被爱""你不要相信任何人"。

- 对自己或子女要求严格的父母的孩子。

后果：他们认为只有成功完成任务，自己才是有价值的。他们的满足感与产出或成就紧密相关。鉴于这两者都没有上限，成年后他们可能会变得苛刻、依赖（工作成瘾）、焦虑、受挫或低自尊。他们无意识地接收到了这样的信息："你永远不够好"。

- 被过度保护的孩子。

后果：他们认为自己要依赖他人。他们觉得自己无法独自面对世界，也很难做出什么成就。他们无意识地接收到了这样的信息："你一个人是不行的""你不够好"。尽管大人的本意是好的，他们想让孩子远离失败带来的痛苦，但实际上，大人通过控制孩子阻止了他们学会独自面对挑战和复杂情况。

- 过度惊恐的父母的孩子。

后果：孩子认为一切都很危险，应当非常小心并仔细探究周围环境和他人行为，以免出现问题和严重的情况。他们还觉得坏事发生的概率很大，因此，他们容易产生焦虑和强烈的控制欲。他们总是反复回想已经发生的事，并担心一切事物。他们无意识地接收到了这样的信息："世界是个危险的地方""你一个人是不行的""你很脆弱"。

- 由于父母长期外出、工作或住院而几乎见不到父母的孩子。

后果：他们认为自己不能在生活中指望任何人，必须学会自己调节情绪。他们是早熟的孩子。他们无意识地接收到了这样的信息:"你要自力更生"。

- 在家庭中不受喜爱的孩子。

后果:他们知道自己不被认可,也不被需要。他们在成长过程中自尊极低,因为他们认为自己是个负担或麻烦。他们无意识地接收到了这样的信息:"你不属于这个地方""你无法和我们建立联系""你有问题"。

- 父母争吵不休且互不尊重,或因父母离异而遭受创伤的孩子。

后果:他们认为任何事情都可能随时发生,他们必须对父母的关系和情绪保持警觉和关注。这些孩子最终承担起了本不该由他们承担的责任。他们还没长大就已经是"大人"了。他们无意识地接收到了这样的信息:"这是你的错"。

- 遭受性别暴力的孩子。

后果:他们学会了察言观色,并对任何一种可能代表着他人情绪变化的刺激（声音、表情、语调等）保持警觉。多数情况下，他们最终会重复父母的关系模式，在未来成为施虐者或受害者。他们无意识地接收到了这样的信息："这是你的错""你永远不要放松""你没有价值"。

- 在家庭中因肥胖而受到歧视的孩子。

后果：他们与食物、自己的身体和个人价值感之间是一种非良性关系。他们无意识地接收到了这样的信息："你的身体状况不好""你很丢人""如果你瘦不下来，你就没有价值"。

- 父母患有心理障碍或成瘾症状的孩子。

后果：一般情况下，根据父母（一方或双方）的病症，他们认为自己应当保护和取悦父母，并提高他们的生活质量。他们被父母的许多问题牵连并对其负责，从而获得了与年龄不符的高度责任感。他们无意识地接收到了这样的信息："你必须能够应对一切事情""你的使命是拯救他人""要想获得亲情，就要让所有家人幸福，这样他们就会对你充满爱意和感激"。

- 与父母的关系完全失衡的孩子（例如：父母自认为是受害者，从而无力应对复杂情况，或是家庭三角关系等）。

后果：他们认为自己应当扮演成人的角色，并最终变成父母，而他们的父母则变成孩子。在这种情况下，亲子间出现了一种倒置的依恋关系，我们称之为"亲职化"。他们无意识地接收到了这样的信息："你不能软弱"。

- 不得不像照顾子女一样照顾弟弟、妹妹的孩子。

后果：他们学会了为不属于自己的事物承担责任。他们的情感包袱中装满了与年龄不符的忧虑，而不是把时间花在他们应该做的事情上。他们本该无忧无虑地玩耍，把时间用来写家庭作业，以及考虑自己更喜欢黄色还是绿色。他们无意识地接收到了这样的信息："你不重要"。

有些信息会重复出现，是因为虽然情境不同，但它们给依恋机制造成的伤害是相似的。上述所有情境都会造成难以用健康方式处理的高强度压力，并且多数情况下，这样的后果将影响一个人的成年时期。接下来的练习可以帮助你运用这些知识。

橡皮泥丸

请你取一块橡皮泥,尽可能把它搓圆,使其表面尽可能光滑。

现在,想象自己只有十二岁,正面临一个特别艰难的处境,比如转学。你不得不离开一直以来的朋友,适应一个新地方,身边都是你不认识的人,但如果你想交到新朋友,就不得不和他们打交道。

你用指甲在橡皮泥丸上划了一道印。

哎呀!它的形状不那么完美了。不过,如果你把泥丸转到另一面,这道印就几乎看不到了。

接下来,想象自己正面临另一种高压情境,比如校园霸凌。

哎呀!橡皮泥丸上出现了两道印。不过没关系,生活还是要继续。

试想一下,你的父亲多数时间都未在情感方面参与你的生活;他努力工作,因为要赚钱养家。你的母亲每晚都难以入睡,疲惫不堪,因为照顾几年前因病丧失行动能力的祖母让她压力很大。由于经济形势不稳定,你父亲被裁员,他也因此萎靡不振。父母都没有时间关心你,于是你只能默默忍受对方的欺凌,希望父母不要发现这件事,你不想给他们增加新的困扰,也不想让他们更伤心。最好不要成为一个麻烦——于是你专心学习，力求取得优异的成绩，好让他们开心，并为你感到骄傲。

你用指甲在橡皮泥丸上又划了三道印，它们分别代表父亲和母亲的情感缺席，以及对校园霸凌的默默忍受。

在新学校的第一个学期，你各门功课都拿了全优。你把成绩单拿给父母看，他们非常开心，祝贺你！在没有大人帮助你建立安全感的情况下，你还是找到了一处安全之地。这不能使你变得幸福，但至少让你感觉自己是有价值的。多棒啊！

你用指甲在橡皮泥丸上又划了一道印。

有时，你会听到父母在家里大声争吵，但你注意到，如果你以某种方式打断他们的争吵，他们就会把注意力集中在你身上，停止争吵。很好！你也发现了，如果你为父母的情绪负责，一切都会"好起来"！为此，你最好不断关注他们以及他们的表情、语调，尤其是他们说的话。你需要知道何时是干预的好时机。从现在起，保持警觉状态成了你将一直使用的绝佳工具。

你在泥丸上又划了一道印。

你的祖母去世了。

再划一道印。

就这样过了几年。你父亲终于找到了一份工作，虽然远不如上一份稳定。经济危机造成了严重的后果，但看上去好日子——

至少是不那么坏的日子——似乎就要来了。

除了遵守高强度的学习计划，你还严格控制饮食，并进行大量运动。你是一个很有责任感且值得钦佩的人……反正其他人是这么说的，因为你总感觉自己很平庸。你瘦了几公斤，长了些肌肉；人们纷纷夸奖你，你的社交账号点赞数也增多了。迄今为止你从来没有朋友，因为在中学里大家都欺负你，但到了大学，一切好像有所不同了，你开始收到来自身边人的积极评价。终于，你好像开始融入其中了。

你找到了另一个免于烦恼的庇护所：他人的接受。你需要它来让自己感觉良好。好吧，管它呢，这样做有用就行。

你在泥丸上又划了一道印。

哎呀，你好像遇到了一个喜欢的人。真好！你终于能真正感到幸福了。电影里不都是这么演的吗？

啊……不好，你的伴侣离开了你，因为他说你的盘问让他感到喘不过气。你不明白发生了什么，你只是想知道他是不是真的会永远和你在一起。你害怕他会消失或抛弃你，就像……没错，就像你的父母那样。

你在橡皮泥丸上又划了一道印。

你找到了工作。不是什么很好的工作，但让你有一份工资可拿。祝贺！

噢，分手太可怕了，你需要打起精神来。你在社交网络上传了一张性感的照片，获得了五百个点赞！真厉害！

你遇到了另一个人，他让你的人生变得丰富起来。他就是命中注定的那个人。但不知为什么，你感觉糟透了。你不明白，明明一切都很顺利啊！学业、事业、友情、恋情……而且你比以往任何时候都更有吸引力……为什么你对一切都兴致缺缺呢？你不想见任何人，疲惫快要把你压垮，你已不再享受从前让你备受鼓舞、感觉良好的那些事物，有时你很悲伤，而且……啊，对了！你还注意到自己有些胸闷，但这应该是正常的，因为你从小就会这样。

既然你的生活很顺利，那么一切都会好起来的吧。但……等等，你的橡皮泥丸上有多少道印了？

这个橡皮泥丸就是你的大脑，这些年来，它一直尽可能帮你在这个世界上存活下来。但凡事都有代价，你的心理健康也不例外。每个印迹都是一道伤口，一次创伤，而每个伤口也是一次重要的学习过程。划下这些印迹，意味着通过情感记忆来构建自己看待和感知世界的方式，这是你的大脑能够保持情感平衡的唯一办法。

印记太多了。伤口太多了。压力也太大了。

这么多年过去了，你的创伤依然存在，在你没有意识到的情况下逐渐累积。而且不只如此，它们还让你的泥丸无法正常滚动。

现在这一切都更容易理解了，不是吗？

三角关系

三角关系是一种**情感虐待**，即利用第三方来操纵另一个人。

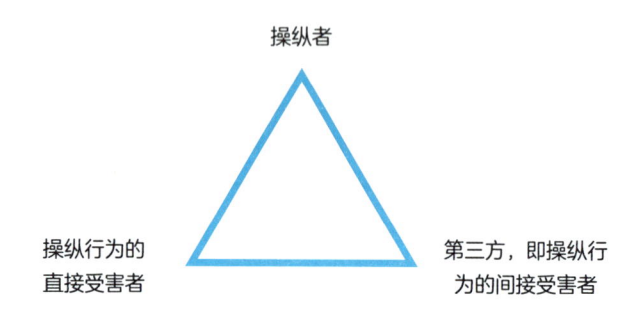

```
              操纵者
               /\
              /  \
             /    \
            /      \
           /_____\
   操纵行为的         第三方，即操纵行
   直接受害者         为的间接受害者
```

亲情中的三角关系

纳乔是个十七岁的男孩。有一天，母亲跟他讲，她和他的父亲之间有矛盾，然而，这个问题并未随着时间得到解决，于是母亲再次对儿子讲他父亲对她有多么不好。

在这段三角关系中，纳乔的母亲以某种方式利用了纳乔，好让自己在不直接与他父亲对话的情况下来对抗他。

这种家庭关系的问题在于，母亲把孩子放在了一个他本不该面对的处境中。

正确的家庭秩序

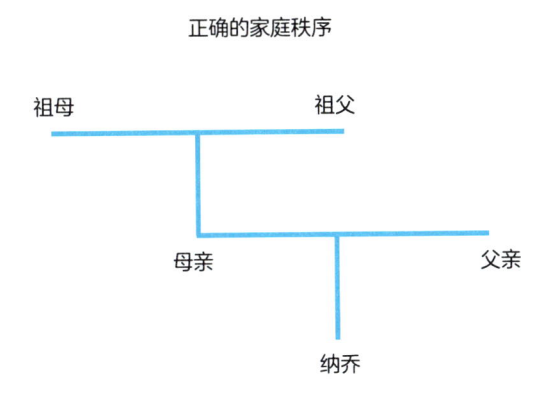

```
祖母 ——————————— 祖父
            |
      ——————————————
      |            |
     母亲 ———————— 父亲
            |
           纳乔
```

母亲把本来与纳乔无关的责任转嫁于他，从而在无意间赋予了他在家庭系统中过大的权力。这种权力本应属于她的伴侣，即纳乔的父亲，而不应该属于孩子。

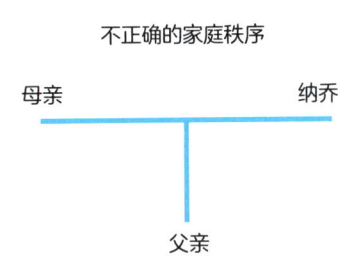

不正确的家庭秩序

```
母亲 ——————————— 纳乔
        |
       父亲
```

这种看似无害的角色转换能够改变纳乔的依恋类型（孩子突然被迫担负起了父亲的责任）。合理的做法本该是母亲与父亲谈谈，两个人设法处理彼此之间的问题，而不需要把孩子牵扯进来。

```
        母亲
         △
      ╱    ╲
    ╱        ╲
  纳乔ーーーー父亲
```

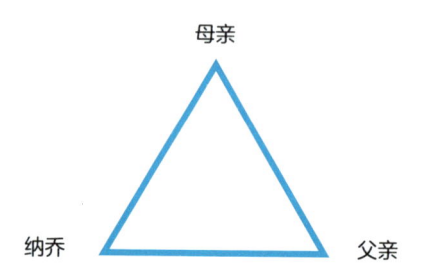

另一次,纳乔和祖母约定,不向母亲吐露一个家族秘密。祖母说:"我们不要把这件事告诉你母亲,她如果知道了会很心烦的。"于是,纳乔在家庭系统中出现在了比母亲更高的位置上。

不正确的家庭秩序

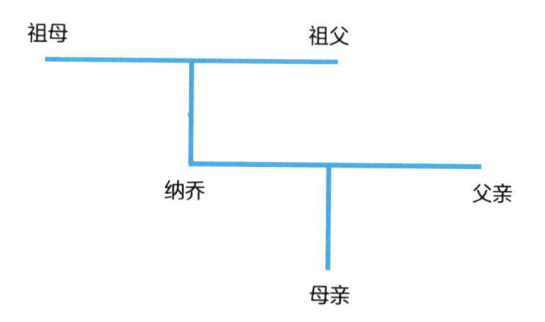

```
祖母          祖父
  └─────┬─────┘
        │
   纳乔─┼──────父亲
        │
       母亲
```

问题在于这并不是合理的顺序。母亲的位置应当高于孩子,孩子则应当专注于自己的事情,不必承担任何不属于其角色的责任。这也可能改变孩子的依恋类型。

```
        祖母
         △
    纳乔    母亲
```

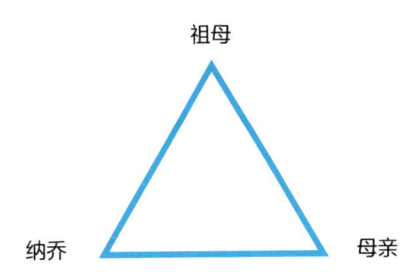

纳乔的父母最终分开了,有一天,父亲告诉孩子:"你母亲和她的新男友去度假了,没有带你(纳乔),因为她肯定不像我(你父亲)这么爱你。"

这样的三角关系在许多父母离异的家庭中非常常见,试图把孩子与自己的伴侣对立起来也会给孩子造成本不属于他的情感负担。

```
        父亲
         △
    纳乔    母亲
```

爱情中的三角关系

恋情中也存在三角关系，特别是在一段有毒的恋情或虐待关系中。

伊莎贝尔是一个二十三岁的女生，她和阿方索是情侣关系。她看见他在舞厅和另一个女生表现得很亲密，于是问他怎么回事。阿方索迅速答道，是那个女生主动接近和骚扰他的，因为她迷恋他。

通过让伊莎贝尔明白另一个女生才是"坏人"，阿方索成功地让伊莎贝尔站在了自己这一边，两个人一起对抗外界。另一方面，在向操纵者让步的那一刻，女生在这段关系中就已经陷得更深了（旁观者都能看出这段关系并不是很健康）。如果这种情况经常发生，女生可能会认为"除了阿方索，每个人都是坏人"。这种来自伴侣的持续操纵也可能会改变一个人的依恋类型。

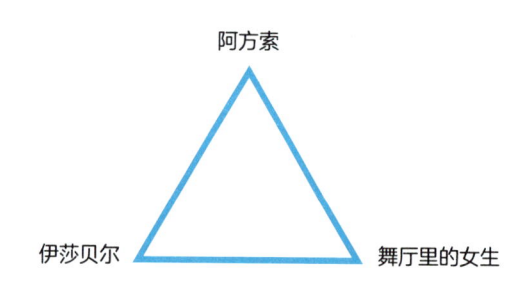

```
          阿方索
           /\
          /  \
         /    \
        /      \
       /_____\
   伊莎贝尔    舞厅里的女生
```

友情中的三角关系

想象一下,克拉拉、努里亚和阿尔穆德纳是朋友。有一天,努里亚和阿尔穆德纳吵架了,前者开始对克拉拉说后者的坏话,想让她与自己走得更近而疏远后者。

这种操纵也可能会改变阿尔穆德纳的依恋类型。这种三角关系常见于霸凌中。

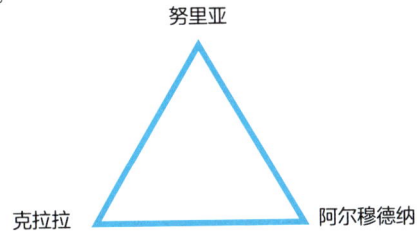

```
         努里亚
          /\
         /  \
        /    \
       /      \
      /        \
克拉拉 ———————— 阿尔穆德纳
```

正如你所见,在所有情况下,第三方都只是一个与被操纵对象无关的人,但他的存在能让操纵者感觉自己掌控了局面。

我们如何区分三角关系(操纵)和倾诉呢?

- 如果某人在对你讲述他和第三方出现的问题时,并没有为了解决问题做任何事,而只是告诉你"那个人有多坏",这就是操纵。
- 如果你感觉那个人在利用第三方使你对某件事产生内疚感,这也是操纵。

恐惧与压力

现在我要和你谈一谈恐惧与压力,因为它们在你的许多生理反应中扮演着至关重要的角色。恐惧是面对压力时出现的情绪反应,压力则是我们的身体在被危险状况——不论是真实的还是想象——刺激时产生的生理反应。这种生理反应是由我们神经系统中的交感神经决定的。于是,当我们感到平静时,我们的神经系统会激活副交感神经来做出反应,而当我们感到焦虑时,交感神经则会发生作用。

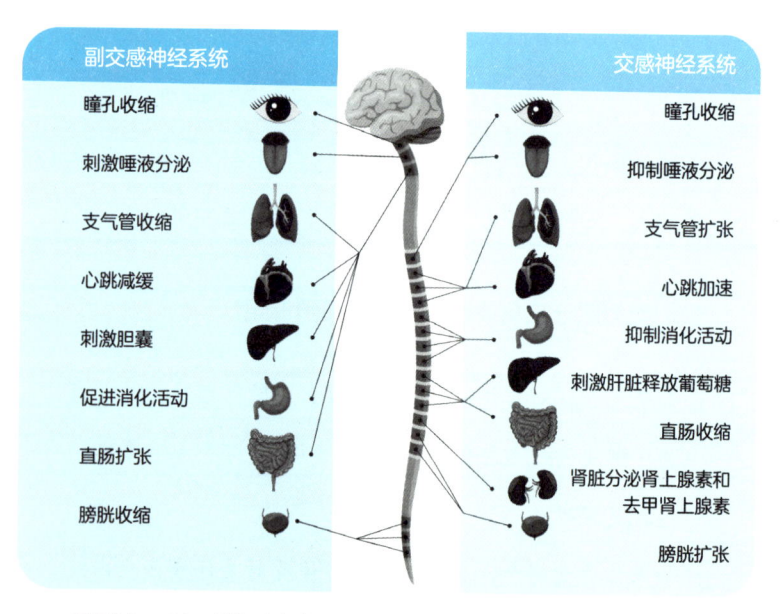

副交感神经系统	交感神经系统
瞳孔收缩	瞳孔收缩
刺激唾液分泌	抑制唾液分泌
支气管收缩	支气管扩张
心跳减缓	心跳加速
刺激胆囊	抑制消化活动
促进消化活动	刺激肝脏释放葡萄糖
直肠扩张	直肠收缩
膀胱收缩	肾脏分泌肾上腺素和去甲肾上腺素
	膀胱扩张

原则上,这两种反应都具有适应性和功能性。

狮子的故事

请想象你正在家里安静地学习、检查邮件、做饭……随便在做什么，总之你正沉浸在自己的世界里。你的呼吸平缓，心跳也正常。

突然，一头看上去饿坏了的狮子闯进了房间。

让我们来看看对这一情况的两种不同反应：正常的功能性反应和无效的功能失调性反应。

功能性反应

此时，你睁大眼睛——瞳孔放大，以便更好地观察这一威胁，忽略视野内无关的一切——并意识到自己有生命危险。

"见鬼！"你喊出声来。

你进入了过度亢奋的状态，你的身体已准备好做出两种反应：战或逃。快速评估形势后，你的直觉让你认清战斗并不可行，于是你决定逃跑。你的心跳加速、呼吸急促。你的身体激活了交感神经系统，并为逃跑做好了准备。你不要命似的冲出去，跑到了安全地带。

正如你所见，在危险情况下激活交感神经系统并不是问题；

相反,这是很有效的反应。

功能失调性反应

此时,你并未激活交感神经系统,而是继续保持副交感神经系统的运行,于是你平静地背起了中国谚语:

"知者不言,言者不知。""能克己,方能成己。""明枪易躲,暗箭难防。""千里之行,始于……"

哎呀,狮子似乎并不喜欢你的这些谚语,因为它已经扑上来把你吃掉了。

既然恐惧和压力这么有益，为什么我们在感受到它们时会如此痛苦呢？

原则上，这种痛苦是大脑告诉我们要行动起来的方式。问题就出在这里，当这些状态被泛化到没有真正危险的情况时（人是会产生非理性恐惧的，后面我们会谈到这个话题），或是当这种恐惧极其强烈，以至于变成了更糟的情绪：恐慌时，问题就出现了。在本章中，我们将重点探讨这种不是情绪的情绪。

在前面的例子中，我们看到应对危险的最佳选择是大脑自动激活交感神经系统，然后凭直觉选择做出战或逃的反应，对不对？好吧，其实还有第三种反应：阻隔（或休克），这种反应与情感创伤有非常大的关系。

○ 解离 ○

假如面对那头狮子时，你太害怕了，以至于无法做出反应，只能浑身颤抖、小便失禁，会发生什么呢？亲爱的读者，这种情况就是我们所说的恐慌。

恐惧让我们行动，但恐慌阻挡我们。

让我们想象一下，尽管动弹不得，但你最终还是从狮子的袭击中活了下来。当时你的大脑中发生了什么？面对如此巨大的危险,你的大脑进入了一种极度亢奋的状态,以至于它无法承受并崩溃了。"我不干了!再见!"

你的大脑已经完全不想知道你被卷入了什么样的状况,它断线了,控制中心被关闭了。你的眼睛看不见,心里也没有感受,你进入了一种游离的状态。是的,你经历了一次解离。

接下来,我要把你的大脑所经历的每个步骤戏剧化,好让你清楚地知道发生了什么。

你的大脑:哎呀!快看那头狮子。这很危险,不是吗?我要激活交感神经系统。

你:哈!哈!这下我们可有大麻烦了,伙计!

大脑:我注意到你有点沮丧,你还好吗?

你:别说话,别说话,我现在感觉很不妙。这太危险了。

大脑:可恶,我完全同意。事实上,我认为我们就要死了。

你:那你帮我想想办法啊,该死!

大脑:我也想啊!但我不知道还能做什么!

你:我不知道,你随便做什么都好,立!刻!

大脑:哈!哈!没有用的。我溜了,你自求多福吧!(大脑下场)

你:我觉得我尿裤子了。

大脑:……

你：大……大脑……大脑，你还在吗？

现在说正经的。

为了应对危险，你的大脑激活了四种反应系统（行为、情绪、生理和认知），但它也产生了很多恐惧，以至于恐惧变成了你的大脑所无法承受的恐慌。

为什么我说恐慌是一种不是情绪的情绪呢？因为所有情绪都有用处，都是功能性的，除了恐慌。恐慌什么也不是，它是一片空白。为了从高压情境中存活下来，这种不是情绪的情绪会激活我们体内最强大的防御机制之一：**解离**。

创伤会扰乱大脑

解离意味着大脑的逃避和断线。那么它会导致什么后果呢？它会把人格分成两个部分：表面正常的部分（Apparently Normal Parts，简称 ANP）和情感的部分（Emotional Parts，简称为 EP）。我们也可以称之为解离部分或有意识部分（ANP）和无意识部分（EP）。

从解离发生的那一刻起，一个人就拥有了 ANP 和 EP 两个部分，这两个部分构成了心理学家称之为"初级结构性解离"（primary structural dissociation）的东西。

ANP：

- 对他人可见。
- 这是你人格中负责工作、学习、与朋友相处、参加聚会等活动的部分。总之，它是你每天都会接触的人格。
- 它决定了你会用怎样的方式向他人形容自己。例如："我是一个开朗、外向、努力且爱社交的人"。

EP：

- 这是你的情感创伤所在。
- 虽然对其他人不可见，但它是有情感创伤的人的真实感受。
- 这是你人格中痛苦悲伤的部分，它记得那些伤心事，并想念着你的亲人、朋友或前任。
- 这是你内心深处的一部分，除非很信任对方，否则你不会将它轻易示人。

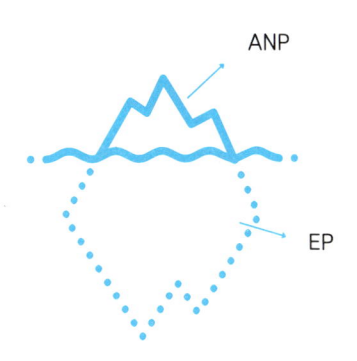

试想一下，你正在家做饭，同时开着炉灶、抽油烟机、烤箱和微波炉，因为你要一下子准备许多道菜。这么多电器在运转，你觉得很热，打开了空调，又顺手启动了洗衣机和烘干机。你家的电力系统无法承受这么大的负荷，于是在电力系统过载、你的房子着火之前，空气开关[1]自动跳了闸，以免发生不幸。

你摸黑找到电箱，打算重新恢复供电。当你把电闸推上去时，你发现了一件神奇的事：你的家依然整洁干净。

好吧，基本上整洁干净：煎锅出现在了冰箱里，微波炉大敞，烤箱门坏了，洗衣机往外漏水，衣服也脏了。这里发生了什么？如果你的家就是你的大脑，空气开关就是防御机制，那么我们可以说，你的大脑已经在尽可能地处理灾难性局面了。

这些被放在错误地点的物品就是情感创伤。治疗这些伤口就意味着整理房子，把坏了的电器修好，把用具都放回原处。

---

[1] 又名空气断路器，是断路器的一种。是一种只要电路中电流超过额定电流就会自动断开的开关。

让我们用一个清晰的图像来总结一下事情的顺序：

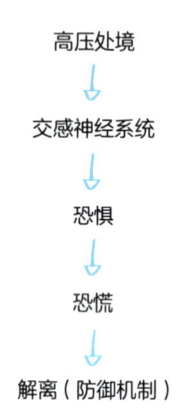

高压处境
↓
交感神经系统
↓
恐惧
↓
恐慌
↓
解离（防御机制）

在前面有关狮子的例子中，我描述了一个相当能造成创伤的情境，我把它稍作夸张，变得有点荒诞，以便让这个例子保持情感中立，这样所有人都能更容易地理解它。一头狮子不太可能出现在你家，除非你住在丛林（或动物园）附近，但请想想我在上文描述过的，会给一个孩子带来巨大压力的情境：那些都是会引发足以影响他们一生的情感创伤的典型情境。

例如，一个成人可能会想：如果我的父母冷落我，没关系，我会过好自己的人生。他不会把这一情境当作创伤（或者这种情况也可能会发生，但这取决于这个成人拥有怎样的应对工具）。但一个孩子很可能会这样感知这件事："哎呀，我的父母冷落了我，怎么办呢？他们可是我在这个世上的依靠。没了他们，我不知道要怎么做，因为我很依赖他们。我很害怕，我不明白发生了什么。"因此，不一定非要经历生死关头才会有情感创伤，任何一种会导致极度恐惧或孤独的情境都可以。任何年龄段都是如此。

在更严重的情况下，解离部分也可能会再次解离。例如，在所谓的**次级结构性解离**（secondary structural dissociation）中，EP 可能会解离。这种情况会发生在早期、长期或反复的创伤中，比如那些较复杂的创伤。在极端情况下，不仅 EP 会分裂成几个部分，连 ANP 也会分裂，这就构成了我们称之为**三级结构性解离**的情况，它也会导致解离障碍（通常也称为**多重人格障碍**）。

你能承受多大的压力

为了回答这个问题，丹尼尔·西格尔（Dan Siegel）博士创造了一个很有趣的概念：**容纳之窗**。

容纳之窗是指我们所拥有的工具和能力足以处理压力并掌控相应情绪的范围。所有人都有这样一扇窗，代表我们能承受的定量的具体压力。例如，大部分人都能承受临时改变计划、赶不上公交车，或参加口试造成的压力。

在众人面前，我可以轻松掌控自己的情绪，因为我已接受过多次训练（我的能力和自信与日俱增，因此我的容纳之窗也变得更宽敞），但第一次登台时，我浑身抖得像筛糠一样。也就是说，当时我的容纳之窗只能勉强应对那种情况。

容纳之窗在什么时候会失效呢？在我们越过它的阈值，直面"情绪劫持"时。也就是说，在理智断线、情绪接管一切，而我们又没有足够的工具来应对压力情境的时候，比如遭遇不忠。容纳之窗可以通过练习来拓宽，但有些事情我们永远也无法做好准备。例如，没有人会为亲人的离世做好准备，不是吗？

我的初恋是一段有毒的关系，这一事实超出了我的容纳之窗所能承受的范围。此前，我一直能很好地处理压力，但面对那段关系带来的不确定感，我无计可施。也许这段感情不会给另一个人造成这么大的情感创伤，但正如我所说，每个人都有自己的工具、经历和容纳之窗。所以，无论我还是其他任何人都不能定义，什么事件对你来说是高压事件。

你可能会震惊，但有证据表明，一些曾被关进纳粹集中营的人依然认为这一处境在他们容纳之窗的可承受范围内。这确实令人难以置信。

孩子的容纳之窗总是比成人的狭窄，安全型依恋人格的容纳之窗则比非安全型的宽敞。即便如此，窗口大小依然会根据我们的周围环境发生改变：如果我们身边的人无法提供安全感，这扇窗就会变得日益狭窄；如果身边的人能让我们平静下来，这扇窗就会变得日益宽敞。

宽敞的容纳之窗就像一个柔软蓬松的床垫,保护我们免于痛苦。

正如你所见,这本书中举了很多压力事件的例子,你可能会对其中的一些感同身受,对另一些则不然。但我希望你能实现自我认知,而这恰恰是这一过程中的一部分:认清你生活中的哪些情况曾给你带来高强度压力。如果某些情况曾让你感到高度紧张,那么它们就是你需要关注的。

第4章
三个大脑：
爬行脑、情绪脑和理性脑

我们有三个大脑。是的,你没有看错。三个大脑,但是合为一体。根据保罗·麦克莱恩(Paul MacLean)的理论,这三个大脑分别是**爬行脑、情绪脑和理性脑**。

我知道这些名称有点怪异,听起来好像是在讲探索频道的外星生命。但麦克莱恩就是这样按照不同的功能,为我们大脑中的三个部分命名的。

其实,这样的划分有助于我们更好地理解意识与无意识之间的区别。

这三个部分彼此联通,但每个部分都负责不同的目标,并用不同的方式处理现实。

爬行脑

- 大脑中最本能和最原始的部分，负责调节与生存有关的各方面，比如呼吸、体温、消化以及依恋反射。
- 为了生存，这个部分没有中间情绪，它只能做出"我们要死了"或"一切都好"两种反应。它没有理性，理性是由大脑的另一部分负责的。
- 我们还在母体中时，它就已经形成。
- 位置：**脑干**。
- 是无意识部分。

情绪脑

- 大脑中负责感知情绪的部分，比如厌恶、恐惧、愤怒、悲伤、惊讶或快乐。
- 形成于孕期的最后几个月到两岁。
- 位置：**边缘系统**。
- 情绪脑中最重要的部分是它的控制塔，即**杏仁核**。它与恐惧和依恋密切相关。它有多种不同的功能，但最主要的是激活交感神经系统，把有关危险情况的信息传递给**海马体**，两者将共同帮我们回忆起过去的危险情况，并共同应对未来可能出现的威胁。

- 是无意识部分。

理性脑

- 大脑中"进化程度最高"的部分,负责语言、思考、阅读理解、反省、逻辑推理等任务。它就像上述两种脑分区的"前辈"。
- 大约在两三岁时开始出现,直到青春期后才完全形成。
- 位置:**新皮质**。
- 是有意识部分。

这里有一些非常有趣的事实:

- 大脑的发育贯穿我们的一生,从胚胎开始直到成年,且它的发育阶段与我们这一物种进化的过程相同。首先发育的是爬行脑,其次是情绪脑,最后是理性脑。
- 理性脑直到两岁才开始发育,这意味着新生儿的全部学习过程纯粹是情绪性的(无意识的)。

为避免混淆,还有几点与该理论有关的说明值得一提:

- 大脑由众多器官组成,每个器官功能不同,但又相互关联。这个理论简易区分了大脑的不同功能,并不是说每个功能都完全限定于上述三个区域，但实现这些具体功能时被激活的脑分区确实与上述分区吻合。我们显然只有一个大脑，那就是人脑。
- 爬行脑这个说法并不意味着我们有爬行动物的大脑，正如我所说，这只是为了更好地理解该理论而采用的名称。

现在我们将看到大脑的这些部分是如何互相关联的。你会发现它们的关系多么神奇。
- 情绪脑几乎总是在捣乱。杏仁核性格暴躁，遇事容易冲动；而海马体要稳重得多，它喜欢和平与宁静（它的功能之一是激活副交感神经系统）。当杏仁核察觉到危险，它就会启动防御机制，激活交感神经系统；但它的老搭档海马体对危险了如指掌，会通过激活副交感神经系统，对它进行干预调节："嘿，伙计，你反应过度了。别这么紧张，我记得很清楚，这个情况没你想的那么危险。"于是杏仁核就会平静下来，不会过度活跃。然而，如果海马体没有干预杏仁核的反应，它就会过度兴奋，并过度刺激交感神经系统，于是正如我们在上一章中看到的那样，创伤产生了。

杏仁核很容易对刺激做出反应，虽然有一点需要指出，即有些人的杏仁核比其他人的更敏感。但无论如何，每当它被激活，我们的容纳之窗都会变窄，而这又会反过来使杏仁核变得更敏感，并在没有理由被激活的情况下做出更夸张的反应。

当杏仁核一直保持激活状态时，就会产生以下后果：
- 难以控制冲动。
- 无法延迟满足。
- 难以做出决定。
- 面对逆境时会情绪崩溃。
- 注意力不集中。
- 难以清晰思考。
- 缺乏同理心或社交能力。
- 缺乏自信。

这就是为什么，你无法让一个愤怒的人平静下来，理性思考当前处境，因为他的杏仁核被激活了。他们沉浸在自己的愤怒中，杏仁核处于全速运转状态，在他们冷静下来之前，他们无法听从别人讲道理，也不会与别人产生共鸣。如果一个人本身就很痛苦，他又怎么能共情别人的痛苦呢？只有当他不再痛苦时，他才能做到这一点。因此，有时推迟重要的谈话是有必要的。

- 理性脑，或者说是其他两种大脑的前辈，只能在杏仁核和海马体都被激活，但前者还没有把事情完全搞糟之前进行干预。如果杏仁核在海马体未加干预的情况下过度亢奋，它就会主宰局面，理性脑则无法清晰思考。正如我在上一章中所说的，当杏仁核被过度激活，我们就会遭受"情绪劫持"，理性脑则停止活动。

- 爬行脑是杏仁核的大哥，每当听到弟弟发狂时的吵闹声，他都会走进他的房间，说道："哎呀！你怎么这么激动？"但他不会去弄清楚发生了什么。这意味着他虽然听到了动静，却不知道原因。他不知道弟弟为何发狂，但他知道家里正在发生一件严重的事，要非常留意才是。因此，他最有效的工具就是改变依恋类型。但他并不是在每次出现高压事件时才这么做（要记得，依恋类型并不能随时切换），而是永久性地（除非事后进行了整合工作，这一点我们将在后面看到）将安全型依恋变成了非安全型（或其他三种依恋类型中的任意一种）。

解释这些脑分区的活动能够帮助你理解，有时高压情境会导致大脑不同分区之间的混乱，这就是为什么当解离发生时，负责组织信息的脑分区（我们可以称之为母亲）就无法很好地完成自己的工作（并最终把煎锅放进了冰箱）。

即使一个人并没有处于真正的危险情况中，而只是感觉到了危险，也会引发混乱。

过去，我的杏仁核曾多次因为害怕自己不够好而被激活，在理解了自己和父亲的故事之后，我才明白，他以某种方式把自己的混乱传递给了我，并使得我的大脑也以同样的方式处理问题。他尽其所能地利用他所拥有的一切，我也一样。

大脑会记得

神经元是人体内最大的细胞。它们由一个细胞核和一系列用于相互连接的突触组成，多个神经元就构成了神经组织或网络。人体有大约一千亿个神经元——就算某天晚上纵情喝酒，死掉一些神经元也没关系，但也不要太过火——而且它们都很"八卦"。它们很喜欢获取并储存信息，从而得出自己的结论。它们把所有信息都存放在巨大的档案柜中，有些在大脑的有意识区，有些则在无意识区。它们按照重要程度把信息划分为不同的记忆类型。你知道哪种记忆最重要吗？正是存放在杏仁核档案柜里的那些。我们已经知道，杏仁核存储着有关生存的信息，而且无论这些信息所记录的危险是真实的还是想象的，都无关紧要。

事实上，有些档案对整个大脑来说都有特殊意义：这些档案包含与痛苦和情感创伤有关的信息。"印迹"这一术语被用来指存放情感创伤记忆的神经网络。大脑会把印迹中包含的信息理解为我们为了继续生存而应当避免的危险，但它完全未意识到，只把它存放在情绪脑中，而不让其他脑分区参与，这将会导致怎样的混乱。

虽然外界发生的事情与情感创伤并没有直接关系，但假如杏仁核在这些事情与印迹中所存储的信息之间发现了丝毫相似性，那么海马体或任何其他干预都无能为力了。一切都乱套了。杏仁核会像之前经历创伤时那样被激活，并启动情绪脑。只要一次刺激就足以重新激活整个系统，让人重历创伤，并唤醒旧日的情感伤害。

为什么会这样呢？因为大脑会唤醒创伤记忆，但无法区分过去与现在——事实上，印迹所在的脑分区无法理解除了现在以外的其他任何时间——于是，每当处理一个稍微类似的刺激时，它都会推断，曾发生过的坏事现在又一次发生了。有时，这会引发一些症状，比如没有明显原因却感到烦恼（我们最终会把这种不舒服的情绪发泄到周围的人身上，因为我们不知道如何处理），出现噩梦或闪回。

真让人头疼。

身体永远记得

有一天，我就经历了这种"似乎凭空出现"的烦恼。还记得我在序言中提到的在教堂里看见蜡像的创伤吗？请注意看，它还有后续。

当时我正在平静地散步，那个村子是我和男朋友远足的目的地。突然，我们看见了一家漂亮的蜡烛店，决定进去看看。店里有许多颜色、大小和形状各异的蜡烛，都是一位匠人手制的，非常精致。他的工作室就在店铺里，整个空间都弥漫着蜡烛的气味。一阵不适骤然向我袭来，我感觉恶心，心里也涌起一阵强烈的焦虑。那时我不知道这种感受从何而来，但我看向阿尔韦托，喘着粗气对他说：

"我要去外面。我不舒服。"

我的伴侣吓了一跳，赶紧陪我走了出来。

"你怎么了？"他担心地问道。

"我不知道，我觉得这家商店让我有一种不好的感受。"我漫无目的地走着，目光紧盯地面，感觉相当紧张。

"可是里面的东西都很好看啊，我不明白。"阿尔韦托双手扶着我的肩膀，看着我的眼睛说道，"等一下，你冷静一下。"

这个动作把我稍微拉回了现实。我不知道刚才自己的大脑沉浸在怎样的情绪中，但瞬间之后，我清楚地意识到自己怎么了。我的身体对蜡烛的气味做出了反应，并把思绪带回了童年时那个摆着蜡像的祭坛，那群人的痛苦、疾病与死亡。又过了一会儿，一切都清晰起来了。我的意识过了一阵子才弄明白发生了什么，但我的身体从第一秒就知道了一切。

多么强大的力量，不是吗？

关于这一点，我要跟你讲讲卡罗琳娜的案例。她是个三十岁的女人，来向我咨询是因为缺乏性欲，以及在性交时会感到阴道疼痛。

有时，人们确实会在性关系中出现缺乏欲望、生殖器疼痛、性唤起困难或难以达到性高潮等问题。每当遇到这种情况，我总是想要了解患者之前的性经历，从第一次直到最近的一次。不需要提供太多细节，当然，我确实希望患者在讲述中停下来，观察自己在性爱经历中的变化和发展。我对卡罗琳娜也是这么做的。

在认识现任伴侣之前，她有过几段恋爱关系。在她讲述第一段关系时，我没有发现任何特别之处，但当我们进入第二段关系时，我找到了能证实我猜想的东西：一段令人非常不快的性经历。

我的患者曾和一个让她感觉糟糕透顶的男生交往过两年：他挑剔她的外貌和做爱方式，操纵她以便与她发生性行为，他会对她说："如果你不和我做，我就去找别的女生，而且这都是你的错，你会后悔的。"他会拿她跟自己之前的女朋友比较,而且更过分的是,他连她的饮食和穿着也要控制。那是一段典型的虐待关系,当时卡罗琳娜十九岁,男方二十四岁。

更糟糕的是,男方曾不止一次强迫她与自己发生性关系。他从未打她或用暴力强迫她,但也根本不需要这样:一声大喊就足以让她吓得动弹不得。

我的患者习惯了在发生性关系时感到不适,而她的身体永远记住了这一点。

每当现任伴侣试图靠近她时,她都会逃开,就算没有逃开,她的盆底肌也会过度紧张,以至于任何一种体位都让她感到疼痛。现任从未让她感到被强迫,另外,她说自己有时也有性冲动,但只要发生肢体接触,她就不知所措。在咨询过程中她显得很难过,因为她很渴望与伴侣建立更亲密自然的联结,然而她的每次尝试都以失败告终,因为她的身体会不受控制地做出反应。卡罗琳娜的身体在对她"讲话",而她只能听着。

经过一段艰难的妇科、物理和心理方面的交叉治疗,我的患者开始慢慢地有所改善,并且逐步接受了性接触,首先是独自一人,然后是和伴侣一起。

不得不说,她的伴侣在整个过程中都对她十分尊重。他们已经很久没有发生关系了,虽然他想要这么做,但他也明白,她需要时间和空间来处理这个问题。他在所有方面都向她提供了支持：陪她参加不同的疗程，倾听、陪伴她并耐心等待，直到卡罗琳娜感到足够舒适，可以接受更亲密的接触。这对她的治疗有很大帮助。

经过一段时间的治疗，卡罗琳娜成功整合了所有脑分区，她的身体、头脑和心灵也学会了以一种更温和的视角来认知性行为。

这说明，情感伤害也会储存在身体记忆（内隐记忆）中，且**身体与头脑总是密不可分的**。

有些人在经历创伤事件后——不一定是立刻，也可能是一段时间后——会声称自己出现了与解离症状相关的其他症状，比如**人格解体**和**现实解体**，这两种现象都是暂时的。

人格解体这一现象发生时，人们可能会发现他们感知自己身体的方式发生了变化。他们会感觉自己变得不同、奇怪或是灵魂出窍，就像生活的纯粹旁观者，他们对自己身体的感知方式已变得和平时完全不同。

而现实解体指的是对外界感知的变化。患者会感觉周围的一切变得陌生或不真实，就像身处梦中。这使他们突然感到迷失方向，无所适从，举止也变得不自然。

趣味知识：当一个人经历了上述感受并对所发生的一切有意识（也就是说，他知道正在发生的事情不正常，是自己头脑的产物），那就可以排除他精神崩溃的可能性。

为什么我会反复爱上同一类人

让我们设身处地想一想：你遇到了一个看起来很棒的人。这似乎就是你一直在寻找的，一个体贴、善良、温柔又聪明的人。你觉得你们可以没完没了地聊下去。你已经连续好几周每天都熬到夜深才上床睡觉，你无法放下手机。你们发消息互道晚安和早安，互相讲述自己生活中的事，互相发语音，每当看到一条消息弹出，你都会心跳加速。此前你从未有过这样的感受，所以你想，也许这就是你的真命天子。

在这之前，你经历过一些失败的关系，已经对那老一套感到厌倦。你会注意到现在这个人，正是因为他的行为举止看上去和之前那些人截然不同，于是你决定全身心投入。

几周过去了，一切进展顺利。你们已不像刚开始那么频繁地聊天，但这很正常，所有关系都会趋于平淡，最初的激情也会逐渐减退。你们在一起很舒服，于是决定再进一步——你们正式确立了关系。

随着时间的推移，冲突开始显现，你意识到：这个人的行为开始变得和你那些前任非常相似。他解决冲突的方式就是消失，他不会表达自己的情绪，除非你坚持，不然他就闭口不谈。为什么此前他看上去是一个不会伤害你、只想全心全意爱你的人，现在却会做出这样的行为？从前他随叫随到，为什么现在即使你不舒服，他也更愿意和朋友们出去玩呢？为什么你的哭泣似乎总是让他心烦？为什么突然间你像是在和某个前任谈恋爱？为什么你总是在情感关系里经历同样的事？为什么到头来你每次都会和同一类型的人在一起？

那些似乎用情不深的人、需要大量关注的人、不再爱你的人、控制你的人、总是"碰巧"和别人有约在先的人、不信任你或是对你进行幽灵社交的人，你的前任们可能是上述任何一种人。而重蹈覆辙正是你的人生规律，至少在你做出个人努力并纠正这一情况之前都是如此。

让我们倾向于重复同一模式的原因有很多，比如我们对恋爱关系的看法（大部分都充斥着浪漫爱情故事的影响）或刻板印象。但让我们重复同一模式的最主要原因是我们自己的行为模式，也就是我们在童年和青春期学到的关于如何与自己和他人建立联结的方式（但要记住，成年阶段的经历也很重要，因为它们也会对我们产生影响）。因此，我们的依恋类型将决定我们会建立怎样的关系。

请记住，我们的大脑分为有意识和无意识两部分。前者负责有意识地（正如其字面意思所示）处理所有正在发生的事："哇！太棒了，他送了我一盒巧克力。"然而，它会忽视那些熟悉的模式，因为这是由大脑的另一个分区负责的，但由于这个过程是无意识的，我们也不会对它多加注意，毕竟在这样的时刻，有意识区更有发言权。另外，恋爱期间大脑会分泌一些物质，进一步让我们对那些在别的情况下本可以通过感官感知到的迹象视而不见。

你能做些什么

⊙ 认识

我的第一个建议是，先深入研究自己的过去、依恋类型和行为模式，然后回答下列问题，把答案写在笔记本上。

- 你之前的人际关系是怎样的？
- 你通常会遇到什么问题？
- 你是如何应对冲突的？
- 你通常会注意哪类人？
- 你通常注意到的人有什么样的行为模式？除了外形，你能描述一下你的理想型吗？

回答这些问题时你不必只关注那些正式关系，露水情缘也算数。

⊙ 区分

这么做意味着每当你认识一个人，你都可以通过他的行为举止和与人建立联结的方式来确定他是否具备你目前想要回避的特征。

恋爱时大脑分泌的物质会让情况变得复杂，因为它会在一开始蒙蔽你的双眼，你要在被冲昏头脑和保持警惕之间找到平衡。假如你头朝下跳进泳池，却在半空中意识到泳池是空的，你会付出相当惨痛的代价，所以要紧的是，先证实你要跳的泳池中有水。注意，这不等于你要预知事情的进展是否顺利，有时我们太想保护自己，以至于到了想要了解一切的地步。我们会抢先行动，并出于自身的恐惧而把一切搞砸。重要的是，你要在真正了解一个人的过程中敞开心扉，而不要选择第一个向你表露好感的人。大脑的任何一个分区都不喜欢拒绝爱意，但我的建议是，要先证实自己并不会为了一点爱而落入虎口。

⊙ 采取相应的行动

是的，你不仅要识别出你不想留在身边的人，更重要的是，要做些什么来改变自己与他人建立关系的方式。你也要承担起一部分责任。

第 5 章
从过去到现在

在这一章中,我将向你展示我们是如何按照自己过去获得的工具来应对现在的经历,哪些工具曾经有效,但目前已不再起作用,以及我们能学习使用哪些新工具来治愈现在的伤口。

◦ 当过去的创伤在当下被激活 ◦

路易斯是家里三个孩子中的老大,此前的生活相对平静。他在一个充满爱的环境中长大,父母总是给他自由和信任。在青春期后期,他曾经历过几段令人失望的友谊,但据他本人表示,实际上也没什么大不了的。有一天,他的父母发现他的小妹妹宝拉药物成瘾已经有一段时间了。她从十七岁开始嗑药,最后慢慢产生了依赖,另外,这还引发了很多别的问题(学业荒废、结交坏朋友、夜不归宿、身体健康问题以及一段有毒的恋情）。

根据路易斯的讲述，宝拉变得不再像她自己，而像变了个人：她不说话也不笑，只想嗑药或者去死。父母决定让专业团队来帮她戒断。从宝拉开始接受治疗到疗程结束，过去了三年。这三年对全家人来说都是漫长艰苦的，但对路易斯来说尤其如此，那段时期，他始终怀着巨大的责任感、无力感和挫败感，这使得他的身体和大脑在那三年中处于持续的高度警觉状态。他认为自己对妹妹负有责任，尽管想要拯救她，但他却做不到，因为宝拉听不进去任何道理。

最终，他的妹妹在治疗机构住了很长一段时间才康复。她重返校园，尽力让自己的生活回归正轨。而路易斯也在所难免地经历了一次严重的情感伤害：他总是感觉自己不够好。另外，他当时刚和女友搬出去住，正如所有刚开始同居生活的人那样，他必须习惯很多新事物，比如管理自己的开销，这使他有时难以维持生计。他的父母完全可以向他提供经济援助，但他知道，妹妹接受治疗的那家医院费用不菲，因为他曾听到父母谈起贷款和债务，他不想给他们再增添任何经济负担。因此，路易斯很少接受他们给的经济扶持，就算收下了，他也会为自己无力摆脱当前的窘境而感到焦虑自责。所有这些生活经历都深刻影响了他对个人价值的感知方式，另外，即使后来经济问题已经解决，路易斯依然感觉自己是家里额外的负担。可能他在成长过程中是安全型依恋人格，但在经历了妹妹生病的事情后，他无疑变成了焦虑型。

来找我咨询那天，路易斯提到自己非常紧张，时常会失眠、感到悲伤并对未来不知所措。我们仔细回顾了他的过去，于是他明白了所有不适的源头并不在童年，也不在青春期，而在四年前。弄清一切的那一刻，路易斯如释重负地哭了起来。他终于理解了自己。

前来向我咨询的人大都是为了了解自己的 EP，而我的任务是陪伴他们深入意识深处，并帮助他们与自己的 ANP 部分建立连接。

疗程结束后，路易斯感觉好些了，他终于明白了自己目前所有问题的根源。然而，有一天他突然出现在诊所，显然遭遇了焦虑发作。他注意到自己的视野中出现了一些飘浮的斑点，而他做了在当时的情况下最不该做的事：上网查询。

"我害怕自己得了青光眼。我看网上说这些斑点可能是青光眼的症状之一。我的祖父就有青光眼，可能我也遗传到了。"他忧心忡忡地对我说道。

"但是，路易斯，视野中出现斑点可能有很多原因。你知道的，很多时候我们的大脑也会激活防御机制，好让我们为最坏的情况做好准备，但最坏的情况只是可能发生，不意味着它一定会发生。"

确实如此。我们会把一部分精力浪费在担心一些永远不会发生的事情上。这种现象被称为**灾难化思维**（我们将在后面看到详细解释）。

"我知道，但……我很担心。我已经预约了眼科医生。"

"很好。最好还是做个检查，这样你就放心了。"

"是的。我还注意到我的皮肤很痒，可能是因为夏天环境太潮湿了。"

"有可能……"我答道，但是犹豫了一下。这些症状也可能与压力和紧张有关，我开始怀疑路易斯描述的这些症状可能是情绪导致的，比如过去的某种情感伤害所带来的身心症状。

"路易斯，告诉我这些天你都做了什么。"

"准备公务员考试，别的就没什么了。"

"准备得怎么样呢？"

"我在努力了。"回答问题时，他悲伤的目光盯着地上的某一点。"我感觉自己永远也没法获得那个岗位。我三十三岁了，却连社保也没有缴过。"

事情逐渐清楚了，我们终于开始深入了解他不适的潜在原因了。

"我感觉我不属于任何地方。"他继续说道。

他还告诉我，由于他女朋友是家里唯一在工作的人，这让他感觉自己在经济方面依然是个负担，尽管他和伴侣已经沟通协商了无数次，也达成了共识，但他还是会为自己无法承担日常开销而感到焦虑。他们并不缺钱，尽管如此，他还是感觉自己应当做些什么。有趣的是，多年前，路易斯就一直觉得自己应当"做些有用的事"，直到今天依然如此。就好像那种行为模式从未终结，而他也没能走出来。

我了解路易斯的过去，也清楚地知道他的创伤与他对个人价值的低感知，以及自己是个负担的感受有关。如果把他的讲述和已知信息结合起来，就会得出一个很有力的结论。他刚才向我坦承，他感觉自己是个负担，不属于任何地方，而这正是他在遭受创伤的那些年间的感受。可能路易斯在并未意识到的情况下激活了自己的情感创伤。

备考公务员是很辛苦的，他们长年累月地努力试图争取一个岗位，这个岗位除了提供一个谋生手段，还让他们有机会感觉自己是有用的。

在某种程度上，这份工作也给人一种认同感。感觉自己有用会赋予人生意义，而路易斯正需要这一点来减轻自己伤口的疼痛（由于无力帮助妹妹而产生的挫败感）。更确切地说，路易斯不仅没有通过工作获得身份认同感，反而体验到了相反的情绪：找不到自己在世界上的位置，过着一种悬浮的生活。

潜在的情感伤害伴随了他很久，但现在这道伤口开始通过一些症状显现出来，这些症状看起来与当时的问题并无直接关系。在视野中出现斑点后，路易斯的交感神经系统被激活，这让他感到恐惧，而本来只是局部的恐惧又激活了其他恐惧，比如担心自己永远得不到这份工作（这种情况常有发生，当你开始为一件事烦恼，最后你就将为所有事而烦恼）。在他看来，如果无法得到这份工作，他将永远一无是处。杏仁核被唤醒了，它提醒海马体说："我很熟悉这种认为自己毫无用处的感觉……"神经网络也调出了记录着情感伤害的档案，它们激活了与回忆相关的情绪，"砰"的一声，路易斯陷入了一场焦虑危机。

即使他的妹妹已经康复，他自己的人生也很平静，但目前的情况还是唤起了足以激活其情感伤害的情绪。

路易斯不知道自己的感受是如何以及为何产生的，他的脑海中没有显示记忆本身与当前症状之间的直接联系。这很正常，因为那些伤害被存放在无意识部分，而有时我们只能意识到与记忆有关联的情绪，而非记忆本身。即使记忆被保留下来，我们也无法将目前的痛苦与过去的痛苦联系起来。这就好像大脑在混乱中将某些信息从 EP 部分谨慎地发送到 ANP 部分。

我对路易斯解释了自己的结论，他的眼睛开始湿润：

"这太神奇了。"他百感交集地说道。

你知道的，我喜欢在治疗过程中营造一种充满信任和说笑的氛围，患者们也很感激这一点，因为他们觉得幽默能使他们更好地接受事物。

这个年轻人明白了过去的伤害对自己来说意味着什么，也知道它是以何种方式被激活的，正是这一点促使他想弄清楚如何才能治愈伤口。经过几分钟的交流讨论，我们决定，从安排一些能让他感觉自己有价值的日常事项开始（例如，充分利用一个下午的时间学习所带来的满足感让他感觉良好）。显然，要做的不止这些，但至少这是一个小小的开始。

过去有效但目前已不起作用的工具

正如我们在第二章中看到的那样，人们会在一生中逐渐获得各种工具来应对不同情况：有时，我们会有意识地学习这些工具（比如在治疗过程中，就像我们在丹尼尔的案例中所看到的那样，对他来说信息是一种重要的工具），另一些时候，这些工具会根据我们的人生经历，自然地被我们掌握。这些工具建立了所谓的行为模式，即在特定情况下思考、感觉、做出生理反应和行动的固定方式。

行为模式会让你始终以同样的方式来行动。

在任何情况下，一个工具只要能起一次作用，就足以让你终身受用。哪怕在未来它已不再适用，大脑依然会借助这一模式，因为我们没有其他工具。有些工具在某个具体时刻是有效的，但随着时间的流逝，它们已失去作用。我每天都能见到这样的患者，他们坚持着过去有效，但如今已不再起作用的行为模式。

我来举个例子。想象一下，一个孩子看到自己的父母经常吵架，于是他学会了关注、干预和调节大人的情绪，并借此消除自己的不适。这个孩子习得了一种终生保持过度警惕的行为模式，甚至到了成年阶段依然如此，他会把这种警惕用在伴侣和朋友身上。

○ 成年人的伤口与他从小采取的生存策略有关 ○

下面是我在患者身上观察到的一些工具：

- **自我要求高**：人们倾向于用这一工具来感觉自身价值、取得成果，或从别人那里得到认可和赞同。这种工具会让人提升自尊。当自我要求高的人没有做任何"有产出"的事情时（比如休息），他们往往会感到不适，因为他们会不自觉地把满足自我要求和幸福感联系起来。
- **拖延**：把事情推到"以后"往往被用来避免不适感和可能的失败。使用这一工具的人经常会把那些在精神上或情绪上造成负担的任务搁置一边，而把精力集中在那些他们知道自己喜欢的活动上。

- **思维反刍**：这一认知机制会让人强迫性地反复思考同一件事，却无法得出清晰的结论。使用这一工具是为了找到解决引起不适的问题的办法。

- **高度负责**：具有高度责任感的人的行为模式基于一种内在信念，即"如果我能把事情做好，所有人都会为我感到自豪，并终将喜爱我"。无节制的责任感会消耗一个人，并最终使他负担了不属于自己的情感包袱。

- **过度警觉**：在生死关头保持对危险的警觉，可能会救我们一命，但在日常情况下保持对周围的环境、他人的表情或语调的过度警觉，反而会造成不必要的焦虑（例如，焦虑型依恋人格很擅长解读他人面部难以察觉的表情，他们这样做是为了判断出危险，比如他们的伴侣是否正在说谎。事实上，他们过度活跃的头脑、冲动和不安使他们无法得出准确的结论。假如他们能学会平静地使用这项技能，他们定会是解读人们非语言行为的高手。回避型依恋人格也会使用这一工具来观察他人，评估自己应当有何感受，从而避免冲突）。

- **检查行为**：一遍遍地核实是否一切正常，是一种用来缓解不适的工具。检查行为可能体现在上网查询自己可能出现的疾病症状，或是"跟踪"朋友、家人和伴侣（或前任）的社交网络动态。

- **爆发怒火**：如果得到了妥善处理，怒气（愤怒或恼怒）可以是一种很有用的工具：它让我们能够表达自己感到不快的原因并设立边界。学会用愤怒来避免情感伤害的人，往往是性格鲜明、易冲动、难以控制脾气的成年人，这导致他们在与他人建立联系时会出现问题。

所有这些工具都是双刃剑，它们有时有效，有时则造成问题。虽然自相矛盾，但事实就是如此。有些时候，正是大脑为了解决问题并消除其带来的不适时曾采用的工具导致了新的不适（例如，患有焦虑症、抑郁症、强迫症等疾病的人会深受自我苛求、拖延、过度警惕、检查行为及其他行为之苦，但他们的大脑会继续使用这些工具，因为它们曾经有效）。

上述所有工具的目标都是一样的：控制。它让我们得以管理和组织一切，让我们感到安心。拥有控制感对我们每个人来说都很重要，但大多数情况下，人们使用这些工具却是为了完全控制我们的环境以获得情感上的平静，可这几乎是不可能的，于是自相矛盾的结果出现了，我们感到了更多的不适。

三种非安全型依恋（焦虑型、回避型和紊乱型）都可能会表现出上述任意一种特征。

我们一直在讨论工具，现在我们来做一个练习。

练习：

回想你的过去，在高度紧张的情况下，你都做了些什么。如果你难以确定自己曾使用过什么工具，那就着眼于现在：想想当下的你会怎么解决问题，哪怕这些做法并未带来你期望的结果也没关系，或者想想你的不适感是否来源于你所使用的工具，并反思一下，这些行为或想法在过去是否起过作用。

处理情感创伤的方式

在治疗过程中，患者们经常问我应该如何处理情感创伤，以及如何改变依恋类型。虽然答案很简单，但解决这个问题却不那么容易。

正如你所知，情感创伤与依恋机制的激活，以及由安全型依恋转变为非安全型有很大关系，这就是为什么通常来接受治疗以处理情感创伤的人，会对与自己和周围的人保持健康的依恋关系产生兴趣的原因。

那么，对于上述问题，我的回答总是一样的。这类人需要做两件事：接受个人治疗，并拥有一次与自身恐惧或痛苦相关的积极体验，这会让你知道自己处于一个安全的地方。

治愈情感创伤并非易事。我们这些致力于此的治疗师所追寻的目标，是让大脑的三个部分保持协调，让它们在获得相同信息的情况下共同运作，而非各自为政。

想象一下，你正在和其他同学进行小组合作，你们决定每个人各自完成一部分，然后再汇总起来。在这种情况下通常会发生什么呢？结果就是一团糟：文风不同、字体各异、内容重复，一部分有图片，另一部分又没有，一部分总共就三页内容，而另一部分长达五十六页，等等。当大脑的每个部分对事物的理解不同，就会出现这种情况。

在一个情感创伤未治愈的人身上会发生这样的情况：
- 理性脑说："你的伴侣不会背叛你的，因为他每天都在向你证明他爱你。"
- 情绪脑说："你的伴侣会背叛你，因为当你问他晚饭想不想吃沙拉时，他挑了挑眉。在你发现前任出轨的那段时间，对方也做了同样的事。他已经开始厌倦你了。历史终将重演。我认为你最好查看一下对方所有的社交媒体，这样你才能安心。"
- 爬行脑说："我们要完蛋了。"

在一个情感创伤已治愈的人身上则会发生这样的情况：
- 理性脑说："你的伴侣不会背叛你的，因为他每天都在向你证明他爱你。"
- 情绪脑说："目前的状态真让人开心啊。"
- 爬行脑说："一切都很好。"

但我们如何才能达到后一种状态呢？虽然存在一些非常复杂和特殊的疗法，比如EMDR（眼动脱敏与再加工），但我们始终强烈建议将它们与其他更常见的手段结合起来使用，比如针对创伤的认知行为疗法。在本书中，我将更广泛地谈及这些手段，并把与它们相关的碎片知识介绍给你们。

从情感创伤理论看嫉妒的管理

让我们一起看看洛德斯的案例。她是一个二十八岁的女生，在目前的关系中难以控制自己的嫉妒心，而且她受到的情感创伤与前任出轨所带来的屈辱有关。我将借助她的故事来阐述，在处理目前仍表现出症状的情感创伤时所有不可或缺的步骤。

大约两年前，洛德斯找到了我。那时她和伴侣曼努埃尔在一起四年了，而嫉妒心开始对这段关系以及她自身造成严重损害。她如此迷恋对方，甚至会责问他，数避孕套的数量，控制他登录社交软件的时长，观察他的在线次数，检查他的邮件和社交媒体，或者一遍遍回想他们过去的对话。

我的患者觉得自己快疯了。她意识到她把全部时间都用来思考和控制自己的伴侣，虽然他已经多次告诉她并向她表示自己很爱她，以及他与其他任何人都没有任何关系。她一直处于健康的伴侣关系中，也就是说，她拥有治愈情感创伤的一个关键因素：积极体验。问题在于她还缺少另一个因素：个人努力。一段时间以来，嫉妒占据了她的生活，如果我们不尽快采取行动，她和伴侣之间的纽带可能会变成有毒的，这会加深她的情感创伤。而这样的话，假使将来洛德斯和曼努埃尔不在一起了，她的其他情感关系也会受到损害。

她的个人努力持续了一年多的时间，在这个过程中，我们采取了如下措施。

1. 理解自己的过去

对我来说，勾勒出个人时间线或人生大事记是必不可少的，因为我们可以将那些自以为已经遗忘的情况重新唤醒。这个过程可以借助照片来完成。对我个人而言，这是一种已使用过多次的工具。当我想知道现在的经历有何意义时，我就会去父母家翻看照片，无论之前看过多少次，它们仍会唤起我的一些回忆和想法，而这些又会帮我抽丝剥茧，逐步接近真相。有趣的是，虽然我总感觉自己已经发现了全部，但每次翻看照片时，还是会有新的回忆出现。观察自己的过去，并确定它以什么样的方式影响我、塑造我，这对我来说很有用。

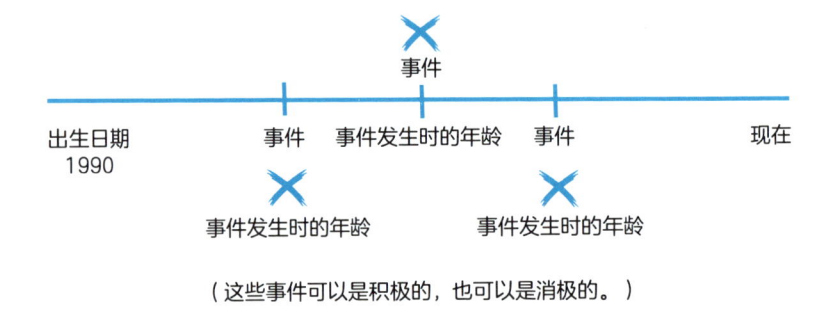

```
                        ✕
                       事件
             |          |          |
─────────────┼──────────┼──────────┼─────────────
  出生日期    事件   事件发生时的年龄  事件        现在
    1990
             ✕                     ✕
       事件发生时的年龄        事件发生时的年龄
```

（这些事件可以是积极的，也可以是消极的。）

在认识现任伴侣之前，洛德斯经历过一段有毒的关系，她的前任屡次背叛她，给她造成了情感创伤。在过去的经历中，我的患者学会了通过控制伴侣来避免更大的痛苦：因对方的背叛所带来的屈辱。现在的洛德斯做了她过去常做的事：控制、检查和"跟踪"。她成为一个纠结于过去的人，总是把事情翻来覆去地想。这让她善于把零碎的细节串联起来，并发现故事中的一个又一个漏洞，正是这一点让她发现了对方一次次的背叛。在她生命中的那个具体时期，这些工具是有用的，可是现在，洛德斯再次使用这些工具的原因无非是怀疑本身，而这足以重新刺激她的情感创伤了。

2. 理解身边人的过去

了解自己的过去很重要，了解那些与我们关系紧密的人的过去也尤为重要，因为对方向你讲述他们的故事，会对你有所帮助。以我为例，在和父母或伴侣一起看他们的照片时，奇妙的时机就会出现，他们会讲述自己的过去，而我会一边专注地听，一边和他们一起喝杯茶、咖啡或热巧克力。这些经历让我能够用同情的眼光来看待他们如今所做的事，尽管那些事也会影响我。

了解洛德斯的故事是曼努埃尔能够陪伴她克服嫉妒的关键。有时她会因为自己的想法而生气，然后把气撒在曼努埃尔身上，那么后者当然会自我防卫。有件事对洛德斯非常有帮助，那就是她需要明白，每当自己咄咄逼人地对伴侣讲话时，对方可能会有何感受。

3. 理解我们的大脑是如何运作的

在面对情感创伤时，如果我们了解情感创伤是如何、何时以及为何被激活的，我们就更能理解我们所经历的许多症状。从"我不知道自己怎么了"到"现在我明白了"也许并不能解决所有问题，但它能减轻大部分痛苦，让你不再觉得自己很古怪。这只是一个开始，而我希望这本书能帮助你科学地分析你所遇到的日常情况。

对洛德斯来说，理解嫉妒只是一种情绪这件事非常有效。它无所谓好坏，只是恐惧与愤怒（这些情绪与依恋机制的激活有关）的结合体，而这种情绪会扰乱我们的头脑。这一事实让她能在一定程度上与自己的痛苦和解。她不再觉得自己疯了，只是明白自己一直处于极度警觉的状态。

在怀疑被唤起时，洛德斯开始观察怎样的刺激会导致自己起疑。通常情况下，这种刺激可能是与下列情况有关的任何一件事：曼努埃尔在晚上和朋友们外出、他收到的信息、他在社交网络上开始关注或取消关注的人、他回家的时间，或是两人之间曾经发生却未得到解决的争吵，虽然这些争吵与第三方没什么关系，而主要是两人共同生活时出现的问题。

尽管曼努埃尔不是圣人，没有把所有事情都做得完美，但他也没有做任何出格的事。不过，当然了，洛德斯并没有和伴侣讨论那些让自己感到困扰的事，而是在情感创伤所带来的痛苦之下走向了极端。这就是为什么每次争吵都会变成一场漫长痛苦的折磨，曼努埃尔感觉自己遭到了攻击，洛德斯则感觉自己受到了冒犯和误解。

为了理解大脑在这种情况下是如何运作的，我的患者遵循以下步骤进行分析：

分析自己的身体会以何种方式做出回应（想法、行为、情绪和身体症状）。

《我爱自己，我也爱你》曾出现过**三角隐喻**[1]**和证实偏差**[2]（人们会倾向于赞成、寻找、解读并记住能证实自己已有观念的信息，而排除其他选择）。

然后她会记起**大脑有多么喜欢重温过去并下意识地做出反应**，就好像此时此刻，那些事情正在发生（现在你知道为什么会这样了）。

于是她意识到了**灾难化思维**（我将在后面解释这一概念）给自己带来的损害。

最终，她明白了我们有多么容易强化某些行为和思想，从而进一步巩固**检查行为的循环**，让我们沉溺其中。

4. 找出那些不再有效，但我们仍在使用的工具

这一步往往是在治疗师的帮助下完成，我们会将你的症状与你自己的过去联系起来。在洛德斯的案例中，她在经历了之前那

---

[1] 心理学概念，描述了思想、情感和行为这三种元素如何相互联系，并在塑造一个人的情感体验中互相影响。
[2] 是个人选择性地回忆、搜集有利细节，忽略不利或矛盾的资讯，来支持自己已有的想法或假设的趋势，属其中一类认知偏误和归纳推理中的一个系统性错误。

段有毒的关系后发展出了焦虑型依恋,并由于害怕再次被抛弃、拒绝和羞辱而学会了保持过度警惕。她在与曼努埃尔的关系中继续使用了自己当时所使用的工具,这样做是为了避免自己被抛弃的假设成真。问题在于,现在她是在一个根本不具有威胁性的情况下使用这些工具,因此,它们给她带来了更多痛苦和折磨。这就像是一个人试图用食欲来消除饥饿。

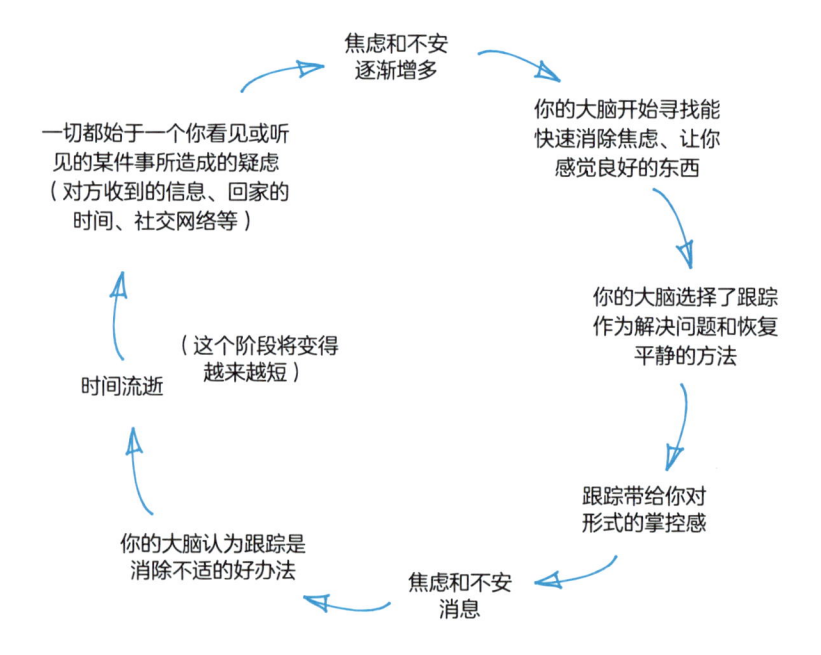

```
         焦虑和不安
         逐渐增多
                          你的大脑开始寻找能
                          快速消除焦虑、让你
一切都始于一个你看见或听       感觉良好的东西
见的某件事所造成的疑虑
(对方收到的信息、回家的
时间、社交网络等)
                          你的大脑选择了跟踪
                          作为解决问题和恢复
      (这个阶段将变得        平静的方法
      越来越短)
时间流逝
                          跟踪带给你对
                          形式的掌控感
   你的大脑认为跟踪是
   消除不适的好办法     焦虑和不安
                    消息
```

虽然一开始这一套是奏效的,它确实能带来平静,但随着时间流逝,这一循环会被强化,不安的程度逐渐加深,所掌握的工具（跟踪）带来的安慰已无济于事（就像上瘾一样）。为了快速让自己感觉良好，人们需要别的工具，而这种工具几乎总与控制有关。那些持续进行检查行为的人还会感到另一种不适：他们认为，从道德角度来看，自己这样做是不对的（不信任伴侣并在对方不知情的情况下窥探其私事是不好的）。

5. 分析这些行为模式的成本与效益

这样做的目的是明确你应该重点使用哪些工具。

于是，洛德斯意识到她应当彻底放弃检查行为。这很难，因为正如你所知，她已经对这种行为上瘾。但她还是做到了。每当她有想要控制某事的欲望时，她就会采取"**暂停战术**"，也就是说，她会完全脱离当下的场景，开始做任意一件与检查行为不相容的事。例如，她会去健身、去做饭或者去母亲家，等等。为了更轻松地做到这一点，她还会把手机关机，放在别的房间。

6. 学会活在当下

我们的大脑喜欢让我们着眼于过去或未来。

当大脑将我们带回过去时，我们会回想那些本有可能发生却并未发生的事，那些与责任、过错、失败有关的事。我们会在脑海中一遍遍回放这些场景，于是我们被困在一段已不能重历的时光中，无法活在当下并享受当下。

当大脑将我们引向未来时，想象中可能发生的情况则会让我们产生恐惧，但这些场景可能永远不会发生。

当下是我们唯一能够真正控制的时刻。为了将想要神游的大脑拉回当下，洛德斯采取了接下来这些方法。

7. 练习放松身体

这个建议看起来很傻，但请注意，它可能会带来一些变化。

有意识地控制呼吸对洛德斯的帮助非常大，这能让她与当下建立联系，并调节自己过度警惕的状态。通过有节奏地呼吸，她的神经系统得到了放松，情绪和想法也不再激烈。

我会把洛德斯练习的控制呼吸的具体技巧放在第 182 页，这样，你也可以在需要的时候进行练习。

8. 用理性思维代替扭曲思维和非理性观念

洛德斯需要重构许多有关爱情和恋爱关系的观念。但除此以外，她还必须学会识别哪些想法是非理性的和不合逻辑的，这样才能用理性思维来代替它们。

- 她曾经很喜欢把自己和其他女生作比较。

"他的女同事胸比我大,他肯定更喜欢她。"

理性思维:你的伴侣和你在一起是因为他爱你,并且因为某些除了外形以外的原因欣赏你。你要记得对方总是提到的喜欢你的那些方面,如果他从未说过,你就问他。胸部丰满可能很迷人,但它不能定义一个人,更不能决定一个人对这个人的感觉。

- 她曾经会做出许多**武断推论**,也就是说,她会在没有任何能支撑其想法的实际证据时就得出消极结论。可以说,她总是在脑海中虚构一些场景。

"他经常和那位女性朋友聊天,他肯定跟她有点什么。"

理性思维:处于恋爱关系中的人也可以同时拥有朋友。亲密关系并不是排他的。另外,和某人聊天并不意味着想和那个人发生性关系或建立恋爱关系。

"他从不在社交网络上传我们的合照,这是因为他不爱我。"

理性思维:社交网络并非真实生活,要想表达爱意,也有很多比在网上发布照片更重要和有价值的方式。你的伴侣不在社交网络上展示你的照片，并不足以让你认为对方不爱你。

- 她曾经会**贬低**自己的优点。

"我认为自己是个聪明的人，但这毫无价值，因为我的男朋友还是会跟其他女生聊天，肯定是因为她们比我有趣。"

理性思维：你很聪明，所以你应该看重自己一直以来所表现出的才智，因为这是你将永远拥有的一个优点。你的伴侣和其他女性交谈，并不意味着他想和她们成为伴侣。他和你在一起是因为他想要这么做，假如他不想和你成为伴侣，他就不会和你在一起了。

- 她曾经喜欢**猜测**男朋友的意图。

"他提议我们出去看电影、吃晚饭，但肯定是因为今天早上我生他的气了，他想哄我高兴，而不是因为他真的想去。"

理性思维：就算他这么做是为了哄你高兴，你也应当积极看待这件事，因为这说明他看重你和这段关系。吹毛求疵是很容易的，你只需要把对方的每个表示都归因于居心不良，可一个爱你、正在向你表示爱意的人为什么要对你居心不良呢？你只要享受他的爱就好了。

- 她曾经会对自己的情绪状态做出**以偏概全**的推论。

"今天我又陷入了检查行为。我会一直这样，永远也没法变好。"

理性思维：今天再次犯错并不意味着你会永远错下去。所有人都有不顺的时候，都会重蹈覆辙或犯错。没关系，这是人之常情。跌倒后爬起来继续走就是了，最终你一定会变好的，不能这么轻易地屈服，你需要恒心与毅力。

9. 学会控制和调节情绪

要想做到这一点，你并不需要全面了解所有情绪，重要的是全面了解你自己的情绪。

为此，洛德斯和我对下列问题做出了回答：

- 那些令你不快的情绪何时会出现？

洛德斯的回答："当我感觉我的伴侣可能向我隐瞒了什么事的时候。"

- 你会有何感觉？

  洛德斯的回答："不舒服。"

- 你怎么定义这种不舒服？如果你不是很清楚，也可以讲讲这种感觉一般和什么样的情绪有关。

  洛德斯的回答："嫉妒、愤怒和恐惧。"

- 这种情绪会出现在身体的哪个部位？

  洛德斯的回答："胸口。"

在胸口感觉到这些情绪，说明洛德斯的交感神经系统被过度激活，并产生了压力（胸痛是焦虑的一种典型症状）。要记得，身体会紧张是因为头脑认为我们处于危险之中，需要逃离或战斗。这种反应能很好地帮助我们理解洛德斯，因为她的情绪与恐惧有关。另外，我们也知道，出于惯性，由恐惧所激活的一些脑分区能同时连带激活控制愤怒的脑分区，就像牛顿摆[1]那样。

---

[1] 一个桌面演示装置，五个质量相同的球体由吊绳固定，彼此紧密排列。由法国物理学家伊丹·马略特（Edme Mariotte）最早于1676年提出的。当摆动最右侧的球并在回摆时碰撞紧密排列的另外四个球，最左边的球将被弹出，且仅有最左边的球被弹出。

- 你通常也是这个部位感觉不舒服吗？

  洛德斯的回答："是的。"

- 你知道这些情绪有什么用处吗？它们为什么出现？

  洛德斯的回答："恐惧是为了警告我正在发生危险，具体来说，就是我认为我的伴侣会抛弃我，而愤怒是为了保护我远离这种危险。"

- 你是从何时开始察觉这些情绪的？

  洛德斯的回答："从我认为我的伴侣欺骗了我开始。"

- 你觉得这些情绪对你产生了什么影响？

  洛德斯的回答："它们让我对伴侣产生了对抗心理。在感到嫉妒时，我的大脑会把此刻正在发生的事和我过去经历过的事（我受到的情感创伤）联系起来，由于那些事对我来说很痛苦，所以大脑会试图通过情绪来保护我远离危险。我的大脑认为我的伴侣是我所有不快的源头，也就是我的敌人，所以在面对他时，我的行为会有攻击性。"

- 你能否找到一种方式，让自己在不受情绪牵制的同时解决问题吗？

洛德斯的回答："当我意识到这些情绪时，我必须先将它们平息下来，然后再采取行动。"

- 你如何调节情绪的强度？

洛德斯的回答："我通过哭来宣泄，或出门转一圈，或把我的想法和感觉写下来，再从另一个视角观察它们，练习4-4-8呼吸法（你会在后面几页看到相关说明），和我的伴侣聊聊我的感受……所有这些方式都比因为一时冲动而跟他对峙或重复检查行为有效得多。"

显然，洛德斯是在接受了针对自身情绪的几个心理教育疗程后才得出了上述答案。

10. 改变得不偿失的行为

在这一步骤中，我们要尝试在感觉自己最脆弱的情况下学会新的行为模式。

洛德斯学会了：

- 在和伴侣开始争论之前先平静下来。
- 在表达情绪时，不要害怕这样做不好，或者害怕这种行为会被伴侣或自己评判。

- 不要觉得自己是个有毒的人，因为她明白了问题并不在于她自身，而在于她从过去习得的那些经验。
- 坚定而明确地提出自己的疑虑，但不要攻击自己的伴侣。

11. 增强自尊心

有了我们之前所做的这些努力，洛德斯极大地增强了自信，但还剩下最重要的一步：同情自己。这一点我们将在最后一章中讲到，这也是本书最神奇的一部分。不要偷懒，请按顺序阅读，你会发现一切都变得更有意义。

目前，洛德斯已经大有改善，她时不时还是会来复诊，我们会谈起在她亲密关系中遇到的种种情况，也会重温一些重要问题。她和曼努埃尔至今仍然是幸福的一对，后者在洛德斯的整个治疗过程中都给予了很大帮助，因为他尽可能地理解她，为她提供所需要的安全感和信任感，既没有采取防卫行动，也没有否定对方的情绪状态。

有意识地呼吸

这一招对于把我们拉回当下非常有用。

我们都知道,深呼吸是用来放松身体的一种方法,但它其实也能放松我们的头脑。在有意识地呼吸时,我们就能有意识地停止那些折磨人的想法,逃离它们,并思考一个问题:"此时此刻正在发生什么?不是在我的大脑中,而是在当下。"

当我们意识到自己的呼吸、身体和周围的事物时,我们就能把自己锚定在当下。就像我们结束了一场狂欢派对后,回到家中躺在床上时,一切好像都在围绕着我们打转,但如果我们把一只脚踩在地面上,好像就会稍微安定一些。

"我在我自己的房间里。完全没有发生任何不好的事,也没有任何要面对的挑战。一切都是我脑海中的想法。"在下一节中,我会更详细地解释要如何处理那些折磨人的想法,但现在,让我们来学习一下如何有意识地呼吸。

4-4-8 呼吸法:

下面介绍这一简单技巧的具体步骤:

步骤 1:用鼻子慢慢吸气,直到肺部充满空气。你可以在心里默数 4 秒。

在这一过程中不要挺胸,而是要让腹部鼓起。

步骤 2:屏住呼吸 4 秒。

保持腹部鼓起。

步骤 3:用嘴巴慢慢呼气。你可以在心里默数 8 秒。

在这一过程中收腹。

完善这一方法的小窍门:

躺着练习这种呼吸方式。

把双手放在腹部,感受它的起伏。

另一种有趣的方法是在面前放一支点燃的蜡烛,距离与你的手臂长度相当。你要做的就是呼气时不让火苗熄灭,这样能让你更好地控制气流的进出。

神奇词语:

你也可以把放松的状态同一个词语联系起来。

挑选一个能帮你减轻焦虑的"神奇词语"(我通常会用英文单词 *relax*)。

接下来的步骤：

1. 坐下来，并试着放松。

2. 深吸一口气，让肺部充满空气，然后慢慢呼气。

3. 在呼气的同时，仔细地想象你的身体和肌肉是如何渐渐地完全放松下来的。

4. 再次深呼吸，在下次呼气时，非常慢地在心里默念这个神奇词语。

5. 念到这个词语的最后一个音节时，你应该已经在精神上放松了整个身体。

6. 一有机会就重复着练习，你将发现自己的"神奇词语"会逐渐变得更加有效。

情绪的作用

想要像洛德斯那样训练自己管理情绪,你就要知道一个至关重要的知识:你的每种基本情绪存在的目的。我曾把所有常见情绪比作一个圆盘,它把你的每种次级情绪——比如嫉妒、挫败、耻辱、内疚等——和初级情绪(又名基本情绪)关联了起来。举例来说,如果你感到内疚,借助这一圆盘,你会意识到内疚与羞愧有关,同时也与作为初级情绪的恐惧有关。如果你了解两种情绪间的关系,你就能更清楚地知道,当你感到内疚时,这一情绪在你的体内做了什么。

- **恐惧**:警告你有危险,让你逃离。
- **愤怒**:让你在危险面前变得活跃,帮你与之作斗争。它也会帮助你设立边界。
- **悲伤**:让你能够内省,帮助你在伤痛的时刻重新定位自我,找到自己在世界上的位置。
- **厌恶**:提醒你远离那些会让你产生生理或情感排斥的事物。
- **惊奇**:根据不同情况,它可能是积极的,也可能是消极的。它让你为突发事件做好准备。
- **快乐**:强化那些让你感觉良好的事物,从而使它们再度发生。

灾难化思维

洛德斯曾告诉过我："我不想提前回家，以免发现他和另一个女生在一起。"

她想当然地认为自己的伴侣和其他人有染，而这件事随时都可能被她撞破。就好像她明知曼努埃尔在背叛自己，而她的任务就是揭穿这段私情，但同时她又不愿意发现，因为这样做可能会给她带来痛苦。她告诉我的这句话表明，她的头脑激活了一种比人们想象中更常见的工具：灾难化思维。

灾难化思维是一种**防御机制**：它会以夸张和悲观的方式预测即将发生的事情，这就是说，大脑会倾向于设想可能发生的最坏情况。于是，我们会试图解释发生在我们身上的事、预测将会发生的情况，并想象可能会发生的（糟糕）结果。

你想象中的事情多半不会发生，但由于这些想法发生在你的脑海中，所以它们感觉起来就像真实发生的经历一样。

作为回应，身体就会倾向于表现出典型的**焦虑症状**。

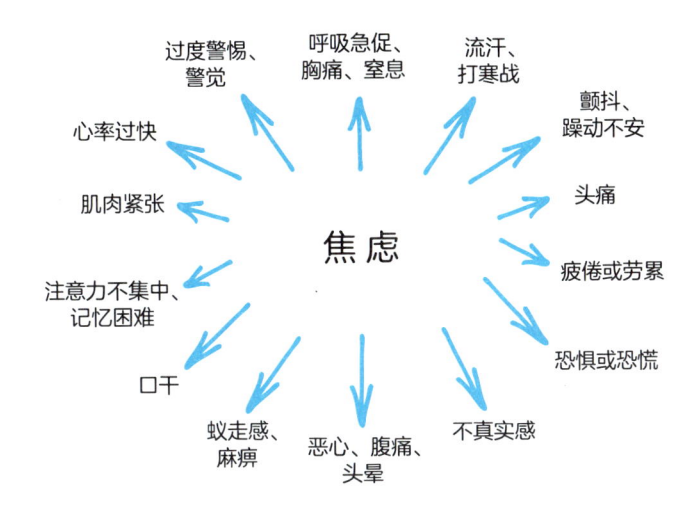

焦虑的症状围绕中心词"焦虑"呈放射状排列：过度警惕、警觉；呼吸急促、胸痛、窒息；流汗、打寒战；颤抖、躁动不安；头痛；疲倦或劳累；恐惧或恐慌；不真实感；恶心、腹痛、头晕；蚁走感、麻痹；口干；注意力不集中、记忆困难；肌肉紧张；心率过快。

之所以会出现这些症状，是因为大脑想让我们为想象中最坏的情况做好准备（虽然客观上讲，这些情况可能永远不会发生，也可能不会以我们设想的方式发生）。因此，这个策略除了让我们为那些也许不会真的发生的事情感到焦虑以外，并没有什么用处。

你的大脑并不喜欢让你遭受焦虑的折磨，但从你想到最坏的情况那一刻起，到你知道真实情况为止，大脑都会为它认为将要发生的事情做好准备并保持警觉。于是，我们的大脑会把焦虑当作激活工具，用于分析危险情况并寻找解决方案。

我的大脑也曾经常这样做。我已经授予它"灾难思维学及厄运科学"学士学位，而且是优等毕业生。

这种思维模式常见于焦虑症或恐惧症患者，除了对背叛的恐惧，它也有可能出于其他类型的恐惧，比如害怕死亡、被困在某处、在拥挤的公共场合突发意外，却无法迅速得到医疗救助、发生车祸、考试挂科、被解雇、得绝症，等等。

我们把生命中一半的时间都用来担心那些可能永远不会发生的事情了。

"我不想提前回家，以免发现他和另一个女生在一起"是一种灾难化思维，因为在洛德斯的脑海中，她经历了她想象中可能发生的最坏情况：她的伴侣在她自己家里背叛她，而家本该是她的庇护所。注意，更糟的是，她的反应是推迟回家的时间，因此，这种思维不只是停留在她的大脑中，还影响了她的行为。

为了扭转这些灾难化思维，我们首先要识别它们，然后试着找出一些不那么灾难性的、更理性的替代思维，正如我们在上面的步骤8中分析所有想法时所做的那样。

下列问题曾帮助洛德斯扭转她的灾难化思维：
- **我有什么证据能表明，我所恐惧的情况将会发生？**

洛德斯的回答："没有任何证据。"

- **我有什么证据能表明，我所想的情况并非事实？**

  洛德斯的回答："我的伴侣爱我，而且每天都向我证明这一点。"

- **假如我恐惧的情况发生了，我会怎么做？**

  洛德斯的回答："我会离开我的伴侣，哪怕这很痛苦，但我会重建自己的人生。仅此而已。"

恐惧悖论

每当这些灾难化思维出现时，她就会回答上述问题，并意识到没有任何确凿的证据能证实她的恐惧。另一件对她非常有帮助的事，是我总是用幽默口吻讲出的一句话（虽然事实上它挺阴暗的）："如果我必须死，那就死了算了。"当然了，这种说法只是象征性的。

没有人会对死亡满不在乎，但死亡这种事，如果它要发生，就一定会发生，没有人能幸免。显然，我不是说让你去找死——"噢！看呀，我把自己绑在铁轨上了。"——我想说的是，不管你多么小心，结果都一样；无论你怎样不惜一切代价地避免死亡，那一刻最终还是会到来。你不能只是因为生活充满危险，就把全部时间都用来避险。归根结底，活着就意味着承担风险。总要活下去呀！这并不是说要做疯狂的事，但我们总要活下去，不要每走一步都瞻前顾后，被那些可能发生的坏事困扰，因为如果我们的头脑被恐惧劫持，那我们就没法活下去了。就连待在家里也有风险呢！所以，如果我必须死，那就死了算了。

而且你看，这非常矛盾：开车时想着"但愿我不要出车祸，我不想死"通常会让我们保持警觉，因此也让我们在驾驶时动作更笨拙。恐惧会影响我们的行为。然而，头脑中想着"好吧，如果我必须死，那就死了算了"却会让你更自由，因为它以某种方式让你从恐惧中解脱出来。正如我所说的那样，这种想法显然不是让你做出完全相反的事，即在公路上疯狂驾驶，而是为了让你摆脱思想负担。在这种情况下，你要做的是努力做个遵守交通规则的好公民。只要你做到了这一点，就不会有任何事情发生。

洛德斯觉得这句话很有趣，并用它来对付自己的恐惧。于是，每当察觉自己陷入焦虑情绪时，她都会说："如果我必须死，那就死了算了。"或者说："如果我的伴侣要背叛我，那就让他背叛吧。如果这件事必须发生，那它就会发生，我无法避免。我唯一的责任就是用心经营这段关系。无论我怎样控制我的伴侣，让他做一些事或不再做另一些事，这种行为都无法让我避免被背叛。如果他真的背叛了我，那我离开他就好了。"

说真的，这种心态几乎适用于任何一种恐惧。

侵入性思维

侵入性思维是指一些令人不快的、讨厌的、无意识的念头或画面。它们自发出现在我们的脑海中,与其他想法和活动无关,有时甚至与我们自己的个人原则相悖。

许多人都会受到这种思维的困扰,他们往往感到非常恐惧和焦虑,声称这些想法吓人、难以摆脱或让人不安,完全无法避免或控制。

鉴于恐惧和痛苦的程度,这些人常常有自己"要疯了"的感觉。这是由于侵入性思维会造成一定程度的生理、行为、情绪和认知激活。但这些人绝不是真的濒临疯狂,能意识到这种状态恰恰是件好事(恰恰是预后良好的一个表现)。

有些侵入性思维与对某个所爱之人实施侵犯、性行为或犯罪有关。我们明知自己决不会做出这样的事,但这个念头就是自发地出现在脑海中,一想到它就会引起强烈不适。

另一个与回溯性嫉妒有关的案例来自四十二岁的赫苏斯,他的妻子是四十岁的索尼娅。十七年来(几乎是自这段关系开始以来),他一直对伴侣的某位前任感到回溯性嫉妒,因为有一天她曾说过他有点像这位前任。从那时起,赫苏斯就不停想着这件事。他调查了这位前任,看了他的照片,并开始感觉那个人比自己更帅、更聪明，也更有趣。

我的患者告诉我，虽然两人目前的关系很好，索尼娅也很贴心，但当上述想法出现时，他还是会感到相当不安。

"当我感到那种没来由的嫉妒时，我就会表现得很疏远。"他对我讲，"看见我这种态度，索尼娅会意识到发生了什么，然后告诉我她常说的那些话，想让我平静下来，但这个办法在那种时刻毫无用处。"

你看，虽然索尼娅是个出色的伴侣，但赫苏斯还是无法安心，这是由于他从未在个人成长方面做出过努力。个人努力正是他拼图中缺失的一块。

"当随便想到什么事情的时候，我脑海中就会浮现一些我不愿意看见的可怕画面。"

"比如呢？"我问道。

"我会想象他们在床上。"

"那么这些想法是无缘无故出现的呢，还是有什么刺激触发了它们？"

"它们自己就冒出来了！没有原因！"他崩溃了。多年来，他一直在同这些想法作斗争，他不知道要怎么做才能让头脑中不再出现这些画面。他努力振作起来，继续说道："但我必须承认，这些想法并不总是自发的。一切都开始于我把自己和他作比较的那一刻，而且我会在每个下午都有意识地重复和强化这个行为。"

看来我们找到了关键所在。情况似乎很复杂，毕竟这种思维反刍从很久之前就开始了，因此，随着时间的流逝，从一开始的剧烈痛苦到一遍遍地回味，这可能已经成为一种习惯。于是，一种自发的机制形成了：**侵入性思维。**

赫苏斯和我尝试了上述方法中的许多种，但在解决侵入性思维这一方面，有一个工具对他帮助很大：无视它们。

虽然赫苏斯并未意识到，但每当他注意到这些想法时，他反而强化了它们。为这些侵入性思维感到担忧，从而试图控制或避免它们，结果会更糟，因为这种关注使本不重要的思维变得重要。这些想法缺乏逻辑，在现实生活中对他毫无用处，最重要的是，他越是在意这些想法，就会感觉越糟糕，这些想法下次卷土重来时也就越有力。

赫苏斯不得不停止对它们的关注，但在此之前，他要努力消除与这些思维相关的情感负担：他的情感创伤。

他的情感创伤与他一直以来的自我控制有关。他总是感觉自己微不足道。而且，虽然并未经历过洛德斯遭遇的那种感情破裂或背叛，但他是在非常严苛的父母身边长大的。他们希望儿子成为"有用"的人，于是，虽然身边的所有人都爱他，并认为他们是为他好，可他们经常给他造成压力。赫苏斯确实成了一个有用的人，他当上了一家著名医院的外科医生，但也付出了代价：他对控制周围环境产生了执念。当初他借助这一方法，一丝不苟地完成了学业，他认为控制一切正是他职业成功的部分原因。其实情况也没有那么糟，但问题在于，他试图借助同一方法来达到内心的平静，却始终无法做到。因为，可想而知，这个工具对他无效。毕竟操控情绪和操作手术器械是不一样的。

他的大脑试图每时每刻都掌控所有信息，一旦事情不顺他的意，他就会崩溃。如果他大脑没有按照他的意愿闭上嘴巴，或者他的焦虑占了上风，他就会感到很不适（这在心理学上被称作"困扰带来的困扰"），也就是说，你不仅因为自己经历的事情而感觉糟糕，同时也为不知道如何处理这些事情而感觉糟糕。

"赫苏斯，这些想法之所以重要，是因为你想让它们重要。"他一脸怀疑地看着我，我笑了。"听着，我知道你感觉很糟，听完你的遭遇，我觉得这也很正常。但你来这里是为了让自己感觉好一些，并且能够应对这些情况，不是吗？那就听我说。此时此刻，你的大脑里有一个东西是真实的：你正在思考的每一件事。"

"我不明白你的意思。"他勉强说道。

"是的。大脑无法区分真实和幻想，所以它会认为你头脑中的所有念头都是真的。你看恐怖电影的时候会不会感觉难受？"

"会。"他神色认真地答道，眼神中透露出他在等着看我想说什么。

"好的，这是因为你的头脑认为屏幕里发生的事情是真的。但还不止如此，我要用一个比喻来解释一下，你的头脑在这种情况下是怎么运作的。"

"好吧。"他在椅子上坐直了身体，肘部支在桌上，专注地看着我手中的纸，我在上面笨拙地画了一辆汽车。

"想象一下，你的大脑是一条高速公路，每天有成千上万辆车经过。这些车其实就是思维。你知道我们的高速路上一天能过多少辆车吗？"

"二十辆？"

"六万辆。但我们只会注意其中的两三辆。为什么呢？因为就像真正的高速公路那样，我们大脑中也有道闸，它会决定车辆的重要性。如果你把注意力集中在一辆具体的车上，比如一辆蓝色的车，那剩下的车对你来说就不重要了。想象一下，你在收费站留心看着经过的车辆，这时第一辆蓝车出现了。因为你很喜欢这个颜色，所以你决定落杆拦下它，观察这辆车的所有细节。你边围着它转圈边想：噢！真皮座椅和白色车身，我很喜欢！它有六个挡位呢！太酷了！等你觉得已经看够了，你会抬杆放行，各色车辆不断驶过：橙色、红色、绿色、白色……但你不会落杆，因为你喜欢的是蓝色。当你看到又一辆蓝车驶近收费站时，你会做好

183

准备，再次落杆拦下它。虽然你刚才似乎观察得很仔细，但看来还是漏掉了一些细节。把它从头到尾看了一遍后，你抬杆让它继续上路。你想把这个过程重复多少遍都行，那些车本身没什么不同，但每当你拦下它，你就赋予了它特殊意义，这使你在每次看到蓝车驶来时就认为有必要落杆。别忘了，蓝车就是你赋予了情感内容的那些思维，但是否落杆的决定权在你。"

"那么我要做的是不再落杆吗？"

"没错。你越是留意那个空洞的想法，越是思索它，它就会变成越来越重的情感负担，也就会越来越频繁地出现。你觉得大脑会留意那些对它来说不重要的想法吗？"

"不会。"

"就是这样。"

经过一年多的艰苦努力，加上治疗初期的药物辅助，赫苏斯终于摆脱了那些讨厌的想法，得以更多地享受亲密关系，并与自己达成了和解。他也向我坦承，虽然直到今天，他还是会不时从远处察看那些蓝车，有时也会落杆，但多数时候他都会直接放行。作为专业人士，我必须说，我为赫苏斯感到自豪。

第6章
建立健康的人际关系

对方的情感创伤

现在让我们来看一个案例,前来咨询的是一对女生情侣。她们是卡米拉和德西雷,年龄分别为二十六岁和二十八岁。

在这个案例中,我们可以很清楚地看到,一些工具是如何在你生命中的某个时刻拯救你的。但随着时间的推移,在其他截然不同的情况下,它们最终会成为一个问题。

她们两个前来咨询的都是如何处理她们之间的关系。据我分析,两个人对争吵的处理方式都很糟糕。无论是什么话题引起她们的怒火的,两人都无法理解对方:每个人都固执己见,并采取自我防卫的态度。在分别问诊的过程中,我了解了两人在开始这段关系前各自的过去。卡米拉在多年前曾经历过一段有毒的依恋关系，并发展出了回避型依恋；德西雷则是一个内心充满不安和恐惧的人，这是由于童年时期与父母的矛盾关系，以及随后发展出的焦虑型依恋。

在彼此认识之前，德西雷已经学会了不信任任何人，卡米拉也学会了对任何可能给自己造成伤害的事物采取防卫行动。

有一天，我目睹了两人的一次争吵，得出了一个对她们来说影响重大的结论：在每次争吵时戳对方的痛处，也就是刺激对方的情感创伤，正是这种行为让两人渐行渐远。

在一次治疗过程中，德西雷讲述了卡米拉在无意间给她造成的不安：每当卡米拉生她的气时，都会好几个小时不和她说话，这让德西雷感到害怕，因为她觉得卡米拉在考虑结束这段关系。这样一来，德西雷的情感创伤就被激活了，她开始胡思乱想。她的伴侣好几个小时保持沉默，这让她感觉自己有可能被抛弃，并激活了预警系统。鉴于从小就见惯了父母在情感表现上的不一致，德西雷明白了一点：爱你的人可能今天还在你身边，第二天就消失了。

听完德西雷的讲述，卡米拉生气了："那是因为我需要时间平静下来。我完全是出于好意，到头来她却是这么想的！"

毫无疑问，卡米拉觉得自己受到了攻击。在和前任保持有毒关系的几年间，她学会了逃离冲突，这是为了在情感方面保护自己。她的前任会操纵她，并把两人关系中出现的所有问题归咎于她。德西雷不明白卡米拉需要空间，这让卡米拉感觉自己做错了，但除了保持沉默，她不知道还能怎样控制自己的情绪。于是，卡米拉的情感创伤也被激活了，并通过表现得不耐烦这种方式来自我防卫。这反过来又加剧了德西雷认为自己可能会被抛弃的念头。没完没了的恶性循环开始了。

我对她们表述了自己的观点：

"你们意识到了吗？你们互相刺激到了对方过去的情感创伤。"两人瞬间沉默下来，严肃地望着我。"你们每次争吵的原因都是你们自己的痛苦，但你们却不理解对方的痛苦。"

两人都沉默了几秒，陷入深思。

"你们都了解对方的过去，却不明白过去会怎样影响现在。"我继续说道，"每次争吵时，你们都只想着自己，忘了对方也很痛苦，也有困扰。你们的行为刺激到了对方最深的恐惧，而面对眼前的冲突，你们的应对方式和过去一样：一样的情绪，一样的防御机制。德西雷，你的伴侣不是你的父母。卡米拉，你的伴侣不是你的前任。"

两人依然一言不发。

过了一会儿，德西雷点点头，低声说道：

"我要怎样用别的方式来回应呢？"

"这不仅取决于你。卡米拉也需要做出努力。"

两人都认真地倾听着。我开始对她们讲，在无论哪种类型的关系中，同理心都很重要。如果没有能力理解对方的痛苦，我们就无法拥有健康的关系。

卡米拉有权在她不想发生的争吵之后独自反省一段时间，她不想让这次争吵因为自己的暴脾气而恶化。但既然知道这会让自己的伴侣感到恐惧，她也有责任告诉对方自己要做什么，这样德西雷就不会在她独处时胡思乱想。与对方的沟通也会为这段关系提供稳定感，这正是德西雷所需要的。长此以往，德西雷就会明白，卡米拉的一次生气并不意味着这段关系的终结。

问题的解决方案既简单又困难，因为两人此前都学会了用不同的工具来抵御情感折磨（德西雷会变得过度警惕并采取警觉的行动，卡米拉则会自我防卫和发怒），这些工具肯定曾在她们生命中的某个时刻起过作用。问题在于如今它们已不再有效，只会加剧痛苦。

现在，她们的首要任务是不要把对方当作敌人。

共情的重要性

如果我们刺激到了身边人的情感创伤，除了要了解对方的过去，还有非常非常重要的一点，那就是与对方共情。

共情能力是指与他人换位思考，理解对方在特定情况下可能有何感受的能力。它与猜测或读心毫无关系，而是凭直觉意识到对方的处境，无论这处境是好是坏。

共情能力可以被运用在任何一种关系中，但我认为把它用在我们所爱之人身上更合情理。所以，接下来我要告诉你几个诀窍，以便你开始练习这种能力。你将会看到，你与伴侣、朋友或亲人之间的争吵都将会有不同的结果。

1. **认真倾听**，不要打断或评判。
2. 在倾听的同时，试着想象，如果你处于对方向你描述的类似情况下，**你会有何感受**。
3. **不要固执己见**，尝试理解其他观点。我知道，你的观点对你来说很重要，但对正在向你表达看法的人来说，他们自己的感知也很重要。
4. 要记得，面对同一事实，每个人眼中的**真相**是不同的。
5. **要告诉对方**，你理解他正在表达什么。这一点在沟通中至关重要，因为理解对方但不告诉对方，和理解对方并表达理解是不一样的。这是个看似无关紧要的细节，但请记住，别人猜不到你在想什么。你可以用以下方式表示你的理解：
   - "如果你是这样看待这件事的，那么你感到生气很正常。"

- "你的处境听起来就压力很大。"
- "这对你来说一定很不好过。"
- "你肯定很伤心吧。"
- "我理解你的观点。"
- "假如我是你,我也会生气的。"
- "你说得对,这太糟糕了。"
- "我很遗憾你不得不经历这种事情。"
- 给对方一个拥抱。
- 用理解的目光注视对方。

共情会让我们认识到并包容眼前人的脆弱,表现出这一点则让我们有机会营造一种平和的氛围,这能让任何一种关系都更进一步。共情是能让人们感觉彼此团结一致的理想工具。

我知道,人们在起冲突时很难理解对方。从自己的痛苦中抽离,并理解对方的痛苦是很困难的,但请相信我,越是在这种情况下,我们越是应该共情对方。

如果有人能理解我们,

我们的痛苦就会不那么强烈,

这也能让我们把事情看得更清楚。

健康沟通的关键

一次健康的沟通。

一定是坚定且有效的沟通。

要想进行一次健康的沟通,我们不仅需要考虑自己的情绪和观点,也要考虑到对方的情绪和观点。沟通的目的在于创造一个鼓励表达和理解的空间,双方在其中都不会感受到威胁,在这种关系中,双方都会感到自在。为此,我们需要协商、表达自己的意愿,设立边界,感到自己是被支持的,能放心讨论自己担心的事情,或者只需要简单地感觉到身边的人不是我们的敌人就好。

为了建立健康的关系,
我们也需要进行不愉快的谈话。

争吵并不像人们一直认为的那样是件坏事。现在很少有人会说"我们关系很好,因为我们从不吵架"这样的话了。我们终于明白了,只有创造对话空间,我们才能继续成长。在所有关系中,我们都应该谈论自己的感受、未来、过去、渴望、伤痛和快乐。争吵给了我们表达不快、承认错误、请求原谅和找寻解决方案的机会。对于在同一阵营并肩作战的人来说，争吵的结果往往对双方都有利；对于身处敌对阵营的人来说，争吵则永远没有好结果，而只会让双方变得更自私。如果这样的话，为什么还要保持这段关系呢？

正如我团队中的一位心理学家贝亚对我说的那样："你能想象本泽马跟维尼修斯对着干吗？他们都是皇家马德里的球员，却在同一场比赛里试图互相对抗。这太荒谬了，因为这样一来，他们就永远进不了球。然而，如果他们两个都认为自己是团队的一分子，为了同一个目标并肩作战，他们的胜算就会更大。"

人际关系也是如此。一般来说，双方的共同目标是维持这段关系，不是吗？另外，把争吵看作通过斗争为自己谋利的行为，产生的问题远远多于带来的好处。

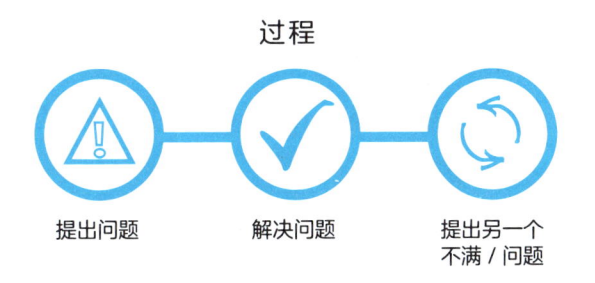

过程

提出问题 → 解决问题 → 提出另一个不满/问题

当我们把冲突理解为输赢之争时：
- 我们会了解到，进行一次严肃谈话是一件令人不快的事，这是由于在这种情况下，我们往往缺乏同理心和自信。
- 我们宁愿不谈论情感或重要的事情，以免面对我们不喜欢的局面。
- 我们之间的问题会变得根深蒂固，一旦爆发，就会显得比实际情况更严重。

看完这些，如果你愿意学着用健康的方式与人争论，那么以下建议在我看来至关重要。

1. **寻找合适的时机**：最好是在一个安静、从容的环境中面谈。通过社交软件来表达愤怒或讨论重要的事情绝不是一个好的选择。
2. **尊重发言顺序并学会倾听**：不让对方讲完要讲的话，就是在否定对方的发言以及看待事物的方式。不要不让对方说话，而只顾着发表自己的言论，因为这会让人感觉你丝毫不在意对方的问题，从而让对方采取自我防卫的态度。
3. **专注于自己的需求，并让对方清楚地了解你的需求**：请记住，要想进行一场自信的沟通，你应当在提出请求时也照顾到对方的情绪。你要始终让对方感觉到你们是一个团队。

4. **提出明确的请求**：聚焦问题本身，不要绕弯子，或把不同的问题混在一起。因为这样可能会让对方不知所措，并觉得你提出了太多问题，这可能导致他们认为问题无法解决，甚至只对这段对话中的一部分做出回应，而忽略对你来说重要的部分（这可能会冒犯到你）。

5. **对事不对人**：不要使用这种说法："你是一个……，所以你让我感到……"

这种表达方式直接攻击了对方。一方面，这让对方觉得此事无法解决，因为我们在暗示对方的个性如此，而这是很难改变的，对方可能会回答："我就是这样的人。"另一方面，我们是在把自己的情绪责任转嫁给对方，可他们能拿我们的情绪怎么办呢？于是对方可能会说："那是你自己的事。"受到对方的攻击时，我们会生气，而在生气时，我们共情对方的可能性就会降低，因此，我们通常也会以攻击的方式回应对方。

我们最好这样说："当你做出……的时候，我感到……"通过这种表达方式，我们表明了会对自己的情绪负责，并让对方明白了他们应该对自己的行为负多少责任，而行为总是更容易改变的。

攻击对方只会让你更难解决问题、获得道歉、促使对方改变，或是找到可行的解决方案。

6. **要真诚，但不要口无遮拦**：仅仅因为你直言不讳地说出了自己的所有想法，但这并不意味着你就是对的。你眼中的事实并非绝对的事实。
7. **学会接受**：对方也有自己的情感包袱，这会导致你们看待事物的方式有所不同。
8. **不要怀疑对方的意图**：在受到伤害时，我们往往会认为他人是故意的，但其实很多时候，那些做了让我们感觉不适的事情的人，并没有丝毫伤害我们的意图。
9. **不要被愤怒冲昏头脑**：争论并不意味着大喊大叫、讽刺或挖苦，所有这些行为都可能会引起对方的防御心理，原本应该安全的空间也可能会变得充满敌意。
10. **想一想把你们团结在一起的纽带**：要想在争论时依然与对方保持同一阵线，你们就得记住，你们是一个团队。毕竟在你面前的是你心爱的人，不要把对方看作敌人。
11. **不要以偏概全**：我们很容易以偏概全。像是"你从来都做不好任何事"或"你总是这样"的表达方式是非常有害的。我们往往会在生气时说这样的话，这正是问题所在。想象一下，对方正好心好意地想要做到你之前提出的请求，但改变需要时间，所以有时对方的确可以做出改变后的行为，有时则不行。如果这时你说："你总是这样！"你就破坏了对方可能取得的所有小进步。

在咨询中，我经常会听到这样的话，而我总会尽力纠正，因为在收到这种评论时，人们的反应总是这样的："那我不知道自己干吗还要努力！我还是算了吧！"

12. **积极强化**：我们总会忘记这一点。我们总是专注于批评对方，而忽略对方做得好的地方。当批评或希望对方做出改变的请求与强化行为交替出现时，效果会更好。

例如："妈妈，我很喜欢你对我们婚礼的关心和建议，但我们也想考虑一下其他选择，好确定哪个最适合我们。非常感谢你付出的努力。"

不要说"我没有鼓励他，是因为那是他本来就应该做的"。

我们所有人都希望自己做得好的事情能得到认可，这也有助于保持心理健康。

13. 进行自我批评并请求原谅：要学会把骄傲放在一旁。例如"对不起，我不知道我说的话会让你感到不舒服。我不是故意的"。或者"谢谢，是我误解了情况，还请你原谅"。
14. 最重要的是，不要忘记共情！

情感责任也意味着理解这一点：
即便我可以表达自己的观点或感受，
我也应当考虑到这些话会让对方产生怎样的感受。

○ 情绪认可 ○

在深入讨论这一概念之前，你需要知道，认可一种情绪，并不意味着认同随之而来的思想或行为。请记住，思想、情感和行为是一个人的不同维度，有时，它们之间并不一致。

所有情绪都由某种已知或未知的原因引起，所以，认可这些情绪是很重要的，因为我们永远不知道它们背后可能隐藏着什么。

你永远不知道
别人可能有着怎样的情感创伤。

情绪虽然无法避免，却可以调节。但要知道，当面对这些无法事先避免的情绪时，试图用"你不应该有这种感受"之类的话来间接要求对方快速摆脱它们是不公平的，因为对方此时对它们无能为力。

此外，假如这些情绪的强烈程度真的有可能减轻，或者对方真的有可能立刻改变其思维方式，刚才那样的话也会降低这种可能，因为它只会给对方造成挫败感。

因此，接下来的这些话是无效的：

- "没什么大不了的。"
- "你真的因为这个哭吗？"
- "你太夸张了。"
- "一点小事你就担心。"
- "老是这样，什么事情都能让你生气。"
- "你真是爱抱怨。"
- "你没必要这样。"

认可和共情能够让我们修复关系

下面这些句子可以帮助你认可他人的情绪：

- "我理解你可能会有这样的感受，假如你刚刚对我讲的那些事没有对你产生影响，那才奇怪呢。"
- "你有权有这种感觉。"
- "你要允许自己理解你的感受。"
- "我很遗憾你会有这样的感觉。我能帮上什么忙吗？"
- "如果你需要什么，我就在这里。"
- "你想要一个拥抱吗？"
- "如果你想哭就哭出来，没事的。"
- "我知道，现在无论我说什么或做什么都不能让你感觉好受点，但我希望你知道，无论你需要什么，都可以依靠我。"
- "你有这样的感受是没问题的。"
- "我无法想象不得不经历这样的事情该有多么艰难。"
- "我可能不同意你的观点，但我很抱歉伤害了你。"
- "你感到开心，我也很高兴。但我想告诉你，让你开心的这件事对我造成了伤害，因为……"
- "我尊重你的感受，尽管我并不认同，因为我的观点

- 是……，我的感受是……"
- "我理解你的不满和愤怒。我觉得那天的事情我们处理得不好，我想为此向你道歉。"
- "我理解你有这样的感受。即使我不同意你的观点，我们也可以在双方都冷静下来后再谈论这件事。"
- "我在听你讲话。"
- "我不知道自己能否理解你的感受，因为我从未有过这种经历，但我想让你知道，如果你需要告诉我什么事情，我就在这里。"
- "谢谢你向我解释了你生气的原因，现在我能更好地理解了。我也想告诉你这次争论中让我感到受伤的地方。"
- "我明白，根据你的描述来看，那你当然会生气，但我想让你知道，我并不这么认为。"
- 点头表示同意。
- 轻抚对方的手。
- "也许你对这个问题的看法和我不一样，但我们不一定要有同样的看法。"
- "我是来倾听你的心声的。"
- "你的观点很有道理。现在让我来解释一下我的观点好吗？"

- "给你的情绪一些空间。"
- "对我来说,你刚才讲的都不是问题,但我明白它对你来说是。你认为我们该如何解决它呢?"
- "假如我是你,我不知道我会作何感想,但我想这一定很艰难。"
- "我们是两个不同的人,有不同的感受和想法也是正常的。"
- "我不是故意要伤害你的。我真的很抱歉。我是以另一种方式看待这种情况的(并做出解释)。"

报复在恋爱关系中是无效的

我知道情感创伤被揭开是多么痛苦的事。这是每个人的弱点所在。虽然我们可以表现得坚强和聪明,但当伤口被触碰时,我们还是会崩溃。情感创伤是我们的阿喀琉斯之踵[1]。

当你抚摸受伤动物的伤口以治愈它时,会发生什么?它会攻击你。这很正常,因为它的反应是为了保护自己免受这种操作带

---

[1] Achilles' Heel,原指阿喀琉斯的脚后跟,因是其身体唯一一处没有浸泡到冥河水的地方,成为他唯一的弱点。阿喀琉斯后来在特洛伊战争中被毒箭射中脚踝而丧命。现引申为致命的弱点、要害。

来的痛苦，即使你的意图是要治愈它。人类也一样。当有人做出的事或说出的话触碰到我们的伤口时，我们就会自我防御。我们在任何类型的关系中都是如此，在恋爱关系中这一点特别明显。

我见过一些伴侣，在互相揭开对方的情感伤口后，会爆发激烈的争吵。当一方说出带有攻击性的话语时，另一方会以报复性的方式做出回应，比如拐弯抹角地出口伤人。他们不是相爱吗？为什么要这样做？其实，这是缺乏安全感的人的典型反应。

这些人会：

· 时刻保持警惕（好像随时都在等待危险出现）。

· 详细分析伴侣的行为。

· 倾向于认为事物会对自己构成威胁，并采取防御措施。这可能是由于他们在过去或现在这段关系中产生的恐惧。

· 做出同样伤害对方的反应，以此实现公平（"如果你做了让我痛苦的事，那我也要攻击你，让你知道受伤的滋味"）。这种态度很自私且毫无意义，因为长此以往，它会导致恶性循环，并使这段关系变得有毒。

如何才能以健康的方式行事，不陷入报复行为呢

如果是你自己经常做出报复行为：
- 有时，我们并不知道有些事情会伤害到对方。因此，最好的办法就是请对方告诉我们，我们对待他们或是同他们讲话的方式会给他们带来怎样的感受。

  例如："我可能会无意间说出一些让你受伤的话，我不知道它们会对你造成什么影响，所以，如果有什么我可以改变的地方，请告诉我，因为我想知道。"

如果是你遭受了报复行为：
- 不要生对方的气，而要对他所说的话生气。
- 我知道，有些时候有的人是故意这么做的，目的就是报复你，就像我刚才讲的那样。但如果你不想争吵，你完全可以避免自己被卷入其中。我的建议是，如果你发现对方在做出报复行为，那就停下来，把你刚才的感受告诉对方。

  例如："发生了什么？""你还好吗？""我是不是做错

了什么?""我注意到你很生气,是因为发生了什么吗?"

- 说出让你不舒服的事情,不要害怕,但要用温和友善的方式说出来。请记住,报复行为的背后是对方的情感创伤在作祟,而不是他们本人。谈论这些问题也是设立边界的一种方式。

例如:"你这样评价我,让我感到很受伤。"

前几天,一位女患者对我说:"难道不是因为我设立了太多界限,才让他对我感到厌倦的吗?""噢,亲爱的,与其因为没有设立任何界限而抹杀了自己的个性,倒不如让他因为你设立了太多界限而感到厌倦。如果这些界限得不到尊重或让他感到不适,尽早离开他不是更好吗?"我问道。

好吧,虽然我认为这是显而易见的,但我还是要提醒你,有时,你需要先冷静一下,然后再开始对话。这一点你也要记住。

现在,如果你做了上述所有事情,情况还是不顺利,并且这段关系中的一方(或双方)一再重复这种报复行为,我很抱歉,但你应该知道这是一种有害的行为,会在短时间内摧毁这段关系。你扪心自问,这真的是你想要的结果吗?

请记住,在爱情中,我们应该把双方看作一个团队,为了共同的目标而奋斗：保持一段健康的关系，而不是追求相反目标的两个对手，因为要是这样，那还不如不要建立这段关系。

第7章
缺席者与庇护者

看到这里，你已认识了各种不同类型的依恋。我们谈论了安全型依恋和非安全型依恋，也看到了它们的优缺点。虽然非安全型依恋会增加一个人与自己和他人建立联系的难度，但它本身并不是一种疾病或问题。

然而，尽管它不是一种疾病，也无法使人变得更好或更坏，但我们还是应该努力改变非安全型依恋，从而建立健康的纽带，成为自己和他人安全的庇护者。因此，在迈出这段痛苦但充满希望的个人旅程的最后一步之前，我将向你展示庇护者和缺席者之间的区别，这样你就能了解前者的重要性了。

缺席者

- 虽然在物理层面上在场，但在情感层面上缺席。
- 往往表现出不愿意提供帮助的样子，因为他们经常忙于自己的事情和问题，或者因为过于疲倦而无法关注你的事情。
- 可能情绪不稳定。
- 有时在情感层面上在场，但有时又不在，这让你不清楚什么时候可以向他们求助。
- 他们可能很矛盾（"我不知道这段关系是好是坏"）。
- 他们很难给予认可。
- 要么过于敏感，要么反应不足，总之无法与他人建立良好的联系。一些缺席者有时会反应过度，另一些则可能显得无动于衷。

例如：假设你摔倒受伤了，流了不少血，可能需要缝针，但伤势并不严重，用一块纱布按在伤口上，再去看一下医生就行。

一个过度反应的缺席者会是什么反应呢？"天哪！救命！快叫救护车！你没事吧？不不不，你受伤了。流了这么多血！得把你的整条腿包扎起来！这太可怕了！他会死的！"（他开始哭泣，紧张得不知所措）

这个人显然在关心你，但情况并不像他表现出来的那么夸张。这种行为模式的问题在于，你可能会被他的态度感染，以为你所经历的是生死攸关的事情。

一个无动于衷的缺席者会是什么反应呢?"好了,这没什么。"

也许说这句话的人是不想让你对正在发生的事情感到恐惧,但他的态度意味着他是缺席的,因为他没有关注你当下可能会有的情绪需求。也许你很想哭,或者感到害怕,但他的反应并没有给你表达情绪的空间,你可能会觉得无法与这个人分享自己的真实想法或感受。

- 正如我们在最后一个例子中所看到的,有时缺席者的行为完全出于善意,但他们不知道该如何表达,并且受限于自己的情感包袱。

所以,如果你感觉自己在某些方面像一个缺席者,并且你的意图是好的,却不知道如何表达,那么你要知道,这是可以改变的。到目前为止,你已经读到了一些指南,它们可以帮助你改变你看待人际关系、行为模式的方式,以及你感知他人和被他人感知的方式。在下一节中,你将会看到一些能更进一步帮助你的练习。你并不孤单。

值得强调的是,对有些人来说,成为缺席者完全不是出于自身的意愿,比如长期住院的人、患有精神疾病导致他们无法提供情感支持的人(他们自己的困难已经够大的了)、对药物或赌博上瘾的人，以及长时间身处外地的人，等等。

庇护者

- 让你感到安全的人。
- 你总是可以依靠他们。
- 无论你告诉他们什么，他们都会尽力理解你。
- 向你提供支持。
- 当他们认为你犯了错误时，他们会陪你一起并在必要时帮你补救。
- 从不否定你的情绪。
- 当他们不知道该说什么时，他们会简单地向你表示他们就在你身边，支持你。
- 懂得尊重你的空间。
- 允许你的个人发展。
- 给你表达情绪的空间。

例如：让我们回到之前的情景，你摔倒受伤了。

一个庇护者会怎么做呢？"哎！你怎么了？你还好吗？我们先止血，好吗？你感觉怎么样？还需要别的什么吗？"

通过这种行为模式，这个人清楚地表明了他关心你，给了你表达感受的空间，并且愿意在当下提供你需要的任何帮助。他们陪伴你经历你的情绪，但不对你提出条件。

怎样才能让一段关系成为安全的

无论你是哪种依恋类型，你都可以努力改善你的人际关系、你建立纽带的方式，以及回应亲密关系的方式。

在这一点上，我想，关于如何让一段关系（无论何种类型）是安全的，你可能已经有了概念。现在是时候开始行动了。

问题与练习

我将向你提出一些问题,请进行思考并开始实践。

在一段关系中,什么会让你感觉良好?请想一想你与他人(包括动物)之间建立的稳固关系,并做出回答:

在以前的关系中,通常什么样的情况会伤害到你?请列出那些经常会刺激你情感创伤的事情。如果你现在不知道有哪些,可以回顾一下过去的关系(我要强调的是,不仅局限于恋爱关系)。

当你的情感伤口被揭开时,你通常会如何反应?

___

当某人或某事刺激到了你的伤口,如果不使用你一直以来的惯用工具,你会怎么做?

___

在你所处的环境中,哪些东西会给你带来创伤?

家人:

___

伴侣：

_____
_____
_____
_____

朋友：

_____
_____
_____
_____

如何才能成为他人的避风港？

_____
_____
_____
_____
_____

接下来，我将向你介绍一个我所知道的最有效的情感纽带练习之一。它适用于任何一种类型的关系，你唯一要做的就是保持善意和同理心。如果这段关系正处于敏感时期，我建议你在专业人士的陪同下进行练习。

请回答下列问题：

你想要改变这段关系中的哪些方面？

你可以在这里写下在这段关系中你想要改变的事情（注意，不是改变对方）。我建议你写出具体的行为。请看下面的例子：

· 不要说："我希望你更亲昵一点。"

如果你仔细想想，就会注意到这个说法过于笼统。有些人在收到这样的指令后却并不理解，因为他们认为自己已经（以自己的方式）表现得很亲昵了，他们不知道具体要怎么做才能让对方感到亲昵。

· 你可以说："我希望你能多拥抱我。"

这个要求比之前那个要明确得多。如果你说你想要更多拥抱，对方就会清楚地知道你的要求是什么，而不用猜测怎样的行为对你来说是更亲昵的。

当然，由于人们的沟通能力有别，所以如果你陷入了这种困境，你可以向对方说得更明白些："你说你想让我花更多的时间和你在一起，具体指的是什么？"

我可以改变哪些方面？

你可以在这里写下，为了改善这段关系，你可以做出哪些方面的改变。不要写你认为自己做不到的事情，因为这会让你和对方都对你的行为产生过高期望，进而导致双方产生挫败感。

我喜欢这段关系中的哪些方面？

在这一部分，你可以回忆这段关系中的哪些方面能给你安全感。例如"我很喜欢在我讲对我来说重要的事情时，你认真地看着我的眼睛"，或者"我很喜欢你突然抱住我"。

人们容易在这里犯一个错误，那就是在讲述自己喜欢的事情的过程中，转而关注起那些自己不喜欢的事情并开始批评。例如："我喜欢我们在一起的时间，假如你工作不那么忙的话，我们本可以拥有更多时间。"在这个环节你要考虑的是积极的、使这段关系得以维持的事情，批评和请求的环节已经在前面进行过了。

这一步的目的是强化那些让你感觉良好的方面，促使它们重复发生。当我们试图把一段关系变成一个安全的空间时，不仅要集中精力改变不好的事情，也要专注于称赞那些好的事情，这会给予我们共同成长的力量和动力。

我喜欢对方的哪些方面？

这一部分和上一部分一样美好。在我们提出了所有希望对方做出的改变之后，现在进入了"你看，请记得你也有很多好的方面"这一环节。你知道的，这会极大地提升人的自尊心，而我超级喜欢做这件事。

你可以在这里写下这样的话："我喜欢你总是为了成为更好的人而努力""我很佩服你的学习能力"或是"你做的咖啡很好喝"。

为了完成这个练习，我要给你两个建议：

- 当你与伴侣、家人或朋友关系不好时，请记住这个练习的最后两个部分，这将使你在困难时刻依然拥有继续维系这段关系的动力（但你并非必须维系这段关系，如果你出于某种原因决定不这么做的话）。
- 先书写，再倾听，这是我建议你们遵循的练习方式。我和伴侣阿尔韦托偶尔也会做这个练习。首先，我们会分别在一张纸上写下所有东西，然后按下面这个顺序分享答案：从第一部分开始，阿尔韦托说出他的回答，然后我说我的，接下来进行下一个步骤，以此类推。我们会在一个"特定"的环境中完成这个练习，把它当成一次约会，所以我们会事先安排一顿丰盛的午餐或晚餐。

如何成为一个庇护者

一个人能自主地把非安全型依恋变成安全型吗？答案既是肯定的也是否定的。这很难，但并非不可能。依恋类型可以改变，但需要大量的个人努力，以及强化这种依恋类型的经历，从而使我们的大脑确信，自己不必像过去一直以来的那样解读事物。人们已经发现，从一种依恋类型转变为另一种平均需要四年的时间。我知道这听起来很漫长，但相信我，当你深入探索心灵世界时，时间会过得飞快，因为你生命中发生的任何事情都可以成为你挖掘和改变自我的素材，这一过程会让你觉得十分有趣。

有一件事无法改变，那就是你的性情，因为这是由你个性中的生理因素决定的。你生来是什么性情，到死都会是什么性情，这是与生俱来的。也就是说，如果你对事物的反应通常很强烈，那你应当学会与之共处。在这一点上，我认为做一个感情强烈的人没什么不好。我自己就是一个感情极其强烈的人。我认为对一切事物都有强烈感受的人很幸运，因为我们可以被任何事物打动，一首歌、一个故事、一个眼神……当然，我们也会经历很多痛苦。我们更敏感，一点小事都可能会让我们情绪失衡，但如果学会与这种强烈的个性共存，我们就能掌控局面，不至于在每次经历这种情况时感到崩溃。

总之，你是可以通过努力学习来改变自己的一部分的，所以，让我们开始吧！

那些能让你变成伴侣、朋友和家人的庇护者的事情。

始终愿意提供帮助：

- 如果你已为人父母，无论何时，只要孩子需要，你都能向其提供帮助，这一点非常重要。孩子是依赖大人的。
- 但是，对于其他成年人来说，你就得记住，你也有自己的生活。愿意提供帮助并不意味着全天候地照顾所有人或立即满足别人的需求。愿意提供帮助意味着让对方明白你就在那里。如果你不能立刻回应对方的需求，那就承诺会在一个具体的时间为他们提供支持，例如："我现在不方便，但等我下班后，我会在下午三点给你打电话。" 但当然了，你要确保在下午三点真的给对方打电话。"哎呀，我给忘了"可不是一个庇护者应有的行为。同时，间隔时间也不能太长，"我下个月给你打电话，我们再谈"也是不可行的。

支持对方：

- 友善的话语、拥抱、亲吻、轻抚对方的手、一个眼神……什么都可以。但要警惕，不要过度介入他人的问题。有时我们伸出了援手，结果却被整个牵扯进去，甚至牺牲自己。言语上的鼓励是一回事，但把别人的问题变成自己的问题则完全是另外一回事。亲爱的，我们并不是为了解决别人的人生课题而存在的，我们自己的人生就够我们忙的了。

以健康的方式沟通：
- 关于这一点你已经知道要怎么做了。你可以在第 6 章中找到所有相关信息。

不要采取游戏或报复心态：
- 不要采取那些爱情专家的愚蠢策略，比如"两人初次见面后，我要等到第二天再给他发消息，这样就不会让人觉得我很心急"，或是"我要等一会儿再回复对方，好让他坐立不安，迫不及待地想和我聊天"，又或是"对方伤害了我，为了让他意识到这一点，现在我要和其他人走得近，好让他吃醋"。
- 这些行为只会让关系变得更加有毒。

在关系中承担情感责任：
- 情感责任的基础是同理心，承担这份责任能够让对方感到幸福。要记住，你们两个都想要过得好。如果双方都为对方的幸福而努力，结果将会是共赢。

在对方的不快变得过于强烈之前予以关注：

- 你从未有过这样的经历吗？你在脑海里上演了一出大戏，但当你和对方谈话时，你才意识到，实际上根本没有什么可担心的。或是你花了整整一周来反复思考一个问题，然后和对方一起只用了两分钟就解决了。

我把这种情况称之为"滚雪球效应"。我敢肯定，你一定会永远记住这个名称。

这种现象指的是，一开始你思考的只是一件有点令人担忧的事，最后头脑里却涌现出一堆非常令人担忧的问题。这会激活你的交感神经系统，并启动你所有的防御机制。

有一对情侣，一个是焦虑型依恋人格，另一个则是回避型。后者总是倾向于逃避压力情境，而前者因为无法与对方交流，只好反复思考一切。当回避者冷静下来时，焦虑者已经在爆发和引起混乱的边缘了。导致这位焦虑者头脑中的问题变得越来越严重的思维反刍，正是滚雪球效应的后果。

有时，我们会陷入自己的思绪，反复纠结同一件事情，被自己的想法毒害，并给对方制造了一场大混乱，而我们甚至没有意识到这一点。对方根本不知道问题从何而来，却不得不默默承受。我们必须在事情变得更糟之前加以遏制。

为了避免这种情况，以及可能会失控的冲突，最好的办法就是尽快回应对方的请求。如果对方不擅长表达情绪，你可以随时询问。

但如果你是那种实际上有事，嘴上却回答"没事"的人，那就要小心了。

- 如果你回答"没事"，就不要再期望对方能神奇地猜到你在不开心。
- 如果你回答"你知道的"，就不要期望对方能猜到你不开心的原因。
- 如果你挂断了电话，想让对方再打过来，而对方没有回拨，你可以生气，但要明白，你刚才也不应该挂断电话，而且对方没有回拨是因为尊重你的边界，这个行为并没有错。
- 如果你离开了，就不要期望对方会来找你。

如果你设定了边界，就不要故意让别人越过它。因为那样你的处境就困难了——再没有人会尊重你的边界。他们会想：假如这个人设定边界就是为了故意要人不去尊重呢？这很难确定，不是吗？你不能做出一件事情，却期待一个完全不一致的结果。

不说出来的事情就不存在。

如果你有上述行为，想要通过它们获得关注却没有得到，请不要抱怨。健康沟通的诀窍就在于明确表达自我。这种抗议行为对小孩子来说是有用的，因为他们还没有学会其他表达方式，但请记住，对成年人来说已不再适用。

**我们想要健康的人际关系，
却依然做着我们一直以来在做的事情。**

是的，可能你已经把这些行为正常化了。我们在电影里看到过很多次这样的画面：女生转身离开，男生跟在她身后，因为他爱她。但这些经典桥段所反映的实质是，她设定了一个边界，而他却无视这一点，继续骚扰她。这看起来就不那么美好了，对吧？这就是我们把骚扰行为浪漫化的结果。

复原力——克服困难的能力

对我来说，这段自我成长的时间过得飞快，但也非常艰难，这是实话。在这个过程中我流了很多眼泪，因为我在自己和一些我爱的人身上看到了很多我不喜欢的东西。但我始终清楚，并非所有事物都非黑即白，没有人是完美的，重要的是一个人做事时的意图。归根结底，我才是自己人生的主人，因此我从未放弃。我试着去理解别人和我自己的情感包袱，为此我用上了在临床心理学手册中学到的知识。在我开始挖掘自己的内心时，还没有任何一本书能用简单的话语告诉我什么是依恋机制。当时，几乎所有的书都充斥着我自己都很难理解的术语，抑或书中所讲的内容与我的生活毫不相干。但尽管面临着种种情绪问题和学习困难，我还是坚持依靠科学知识，并以坚忍的态度面对这一切：无论这整个过程有多痛苦，它都不会把我击垮；相反，它会给我更多力量，让我按照自己的意愿成功地改变生活。我掌握的信息是如此强大，以至于它既能拯救我，也能毁灭我。但我不愿意永远生活在不开心之中，于是我振作起来，继续前进，并比以往更加坚强。这些信息从伤害我的东西变成了我最好的工具。

韧性就是我希望你努力培养的品质，因为当你感到一切都不顺利时，它将帮你渡过难关。所以请记住：

- **保持乐观**：是的，我知道人不可能永远乐观，总会有好的时候和坏的时候，但你明白我的意思。有些日子你可能会过得糟糕，感觉不好，不想和任何人有任何瓜葛。尊重自己，没关系的。明天会是新的一天，重要的是不要陷入这种不快乐之中。如果今天你感觉不好，那就照顾好自己，善待自己，但到了明天（或后天），你要以最大的能量继续前进，并且试着看到事情好的一面。相信我，任何事情都有好的一面。

- **学会接受而非顺从**：你会在下表中看到两者的区别。

顺从	接受
·"这件事已经发生了，那好吧，我忍了。" ·无法让人从错误中吸取教训。 ·面对事情时采取屈服、被动和受害者心态。 ·无法恢复。 ·专注于痛苦。 ·沉溺于问题之中。 ·总是在"忍受"。 ·无法处理情绪。	·"这件事已经发生了，我该怎么做？" ·可以让人从错误中吸取教训。 ·有助于从另一个角度看待事物。 ·有助于恢复。 ·痛苦尽管存在，却并不重要。 ·采取积极主动的态度。 ·不试图改变，但努力以最好的方式来应对。

- **承担责任**："都是我父母／前任／朋友的错。"说这种话是很轻

松的。你逃避了自己的责任,并把它推卸给别人。虽然过去有些人或事对你造成了情感伤害,但你才是自己人生的主人,你决定着如何处理自己的情感包袱。继续背负它们,并把责任推给别人,这只会让你越来越消沉。请记住接受的重要性,问问自己:我能如何处理这个问题?

- **相信自己的能力**:正是由于你的能力,你才能走到现在的位置,并拥有你现在所拥有的一切。

- **要坚持不懈**:但不要执迷。你想要的结果不会一蹴而就,一路上你可能会跌倒很多次,但无论如何,你都要起身继续前行。如果你所追求的事物迟迟不来,你可以放弃,没关系的。世界不会终结,生活仍将继续,你可以把全部精力投入其他事情。不要让害怕别人说什么成为阻碍。我是以一个坚持不懈,但也被迫放弃过一些事情的人的身份讲这句话的。是的,放弃对我来说很艰难,我也曾深感沮丧和不幸,但我没有死。如今我依然在这里,为那些让我感到充实的事情而奋斗。

- **从错误中学习**:"谁不希望犯错以便从中吸取教训呢!"从来没有人这样说过。很遗憾,但事实就是如此。我们学到并认可的观念是：犯错误是不好的。如今的生活就像一场考试，如果你犯了错，你就永远挂科了。可是，难道有人生下来就什么都会吗？难道有什么非凡的奇人能把事情一次就做到完美吗？犯错是智者的行为，因为多亏了这些错误，智者才能比其他人更出色地完善自己。

自尊之树

我要向你介绍一个练习，我称之为"自尊之树"。

首先，画一棵树，并把它分成三个部分：树冠、树干和树根。

在**树冠**的位置，你要写下你的每一个成就，就像树叶那样，不论什么样的成就都可以。你不需要获得诺贝尔奖才能认为自己有所成就（如果你真的拿了诺贝尔奖，那么恭喜你，请把它写上去，这显然是一大成果）。我想说的是，任何一种收获都可以是一个成就，你不需要做出伟大的事才算成功。有时，早上起床后给自己泡杯咖啡就是一个巨大的成就。你有学位吗？写上去。你有工作吗？写上去。你会开车吗？写上去。你已经迈出了接受治疗的那一步吗？写上去。任何事情都可以写上去。我希望这棵树的树冠上有很多叶子。非常茂密的叶子。

在**树干**的位置，你要写下的是那些使你取得这些成就的能力和技能。和上一步相同，你要在树干上写满那些你认为自己在生活中学到的技能。技能就是那些非天生的、随着时间流逝学到的东西，例如：沟通、绘画、舞蹈、写作、学习，等等。

在**树根**的位置，你要写出那些使你发展出取得成就所必需的技能的个人品质。也就是说，现在是时候在这幅画中加入你的个性特征了,例如:勇敢、坚持不懈、敢于斗争,等等。

现在请看看结果。你喜欢吗?这棵树反映了你的能力有多么重要,正是它们成就了你今天所拥有的一切美好事物。所以,请相信你的能力,相信你自己,你有很多优点。

我们把犯错看得很重，甚至过重了。犯错在我们心中的严重程度至少足以催生恐惧，阻碍着我们实现自己的梦想。这种恐惧也源于童年时期。

我还记得上小学时，老师们是如何重视失败和错误的，认为它们比成功更重要。当你拼写错误时，他们会让你抄写一百遍正确的单词，这还是最好的情况。我还见过一些老师，会在其他人面前嘲笑学生的错误。不仅是老师，大部分成年人也会因为你犯了错而惩罚你，并以"你知道这些正确的知识是你的责任"为借口，忽视那些我们做对了的事情。幸运的是，时代在变化，学习和教育的方法也在改变。

像我一样，你一生中也会犯无数错误，可是，再给自己一个进步的机会是多美好的事啊，不是吗？

通过犯错，我明白了面对他人要有主见，否则，即使我说出了自己的想法，还是可能会造成很大的伤害。

通过犯错，我明白了我不想待在让我感觉不舒服的地方或人际关系中。

通过犯错，我明白了用操纵的方式让别人来爱我，或者让自己感觉到被爱，是不对和不正常的，尽管也曾有人这样对待我。

通过犯错，我明白了不管别人是否喜欢，我都应当继续设立边界。

通过犯错，我明白了我可以原谅，但如果我不想，我也没有义务这样做。

通过犯错，我明白了即使我不原谅过去的某些人，我也不能带着怨恨生活，因为那会让我沉浸在愤怒中，并妨碍我当下的幸福。

通过犯错，我也明白了生活教给我的最重要的一件事：如果我想成为自己的安全之地，我就必须原谅自己。

第 8 章
成为你自己的安全之地

自我原谅

自我原谅很难,不是吗?当内疚、自责以及羞愧将你淹没,想要保持内心平静就会变得艰难。

你想摆脱所有这些负担,却不知道从哪里开始。也许你一遍遍地分析着事情,心里反复回放着每一个你闯了祸或伤害了别人的场景,甚至自责地想道:"我真傻!"或者"我怎么能做出这样的事,或是让别人对我做出这样的事呢!"为什么我们的脑子会转个不停?更重要的是,为什么这些思绪似乎在不断折磨着你?也许这些问题可以为我们标出起点。

痛苦的答案几乎总是在我们自己身上,我们要做的只是问出正确的问题。

你内心的声音：你的自我要求有多高?

我们或许会成为最"仇视"自己的人。

你有没有观察过你是如何对待自己、同自己说话的？我们的内心对话往往非常消极。下面是一些典型的例子：

- "你真笨。"
- "你是个失败者。"
- "你怎么会没有注意到呢?"
- "你本应该这样说的。"
- "你真没用。"
- "现在你就自作自受吧。"
- "这糟糕的结果都是你自己的错。"

听起来耳熟吗？也许你曾对自己说过这样的话，也许它们也曾出现在你的脑海里。

有一天，我惊觉我就是以这种带有攻击性的方式和自己说话的。我不确定我这样对待自己多久了，但从这些想法出现的流畅度和自然度来看，我似乎一直如此。太可怕了，不是吗？大脑能在我们毫无察觉的情况下把事情搞得一团糟。

从那一刻起,我发誓要更加关注自己的想法。虽然我确实这么做了,但改变对待自己的方式却十分困难。

在咨询过程中,我注意到低自尊人群的内心对话都非常消极。

我曾遇到过一位名叫玛丽莎的患者,她对待自我的方式糟糕透顶。虽然她没有意识到,但在每次治疗过程中,她的叙述都会透露出这一点:

"你这周过得怎么样?"有一天我问她。

"还行。"

这个回答听起来就像我们出于习惯脱口而出的那种"还行"。

"还行?"我挑了挑眉。我了解玛丽莎,直觉告诉我这个"还行"背后一定隐藏着一个故事。

"好吧,其实我很忙,因为有很多病人住院,而且病情都很严重。"

我就知道。

玛丽莎是本地一家医院的护士,她在一线亲身经历了每一波新冠疫情的冲击。当时的情况对每个人来说都非常紧张,尤其是医护人员。

"我们正在竭尽全力,但我感觉还是不够。前几天我值班结束后在医院多待了一会儿,以便检查所有病人的情况。即便如此,我回家后还是没法平静下来,整个周末都守着电话。"

"玛丽莎,你是一名出色的护士。一个专业人员的价值很大程度上取决于其品性,而你在这方面做得很好。"

"或许吧……"她停下来,喘了口气,"但我觉得我还可以做得更多。"

"更多?难道你不是已经全力以赴了吗?"我身体前倾,双肘撑在桌上,表现出关注的样子。我想深入了解这一部分,因为我很担心她的悲伤背后隐藏着某种压力和焦虑。

"是的,我是尽力了。但是,我不知道……我感觉这还不够。如果我没有时刻掌控一切,我总感觉哪里会出问题。"

"当然了。"我重新靠回椅背,已经明白了这是怎么回事。"我们谈论的是危重患者,所以掌控周围一切可能发生的事情是相当重要的。但是下班后,你能从这种状态中抽离吗?"

"我不能。这对我来说非常难。"她看着地板,头也不抬地继续说,"当我在家的时候,我会一直想着所有事。我在脑海中回顾这一天都做了些什么,可能犯了什么错,或者哪些事我本可以做得更好。玛丽亚,我感觉糟透了。"她总结道。

我的患者陷入了**自我要求的恶性循环**,而自我感觉糟糕只是一个开始。

"也许你对自己太苛刻了。"我指出。

"我怎么能不苛刻呢?我必须严格要求自己,毕竟我的工作是和人打交道。在某种程度上,那些人的生命就取决于我。

"你说得对,在某种程度上确实如此,至少在你上班期间是这样。但我想你不可能一直上班吧……"

"不能……"她低声说道,"有时我会怀疑,觉得这个职业不适合我,也许我应该去干点别的。有些同事比我做得更好、更快。"

前文多次提到的冒名顶替综合征正在现出踪迹。

"你需要(从你对自己的负面情绪中)抽离出来,"我继续说,"相信你的同事们,不要自我折磨。你总是过度'扫描'自己。"

"扫描"是我的口头禅,指的是我们拿着放大镜细细审视自己的表现和行为。自我检查或"自我扫描"是高自我要求人群的典型行为。

"是的,我总是这样。我是个完美主义者。"

我露出了同情的微笑。我完全理解玛丽莎。我在她身上看到了自己的影子,也知道这样的情感自虐有多痛苦。

我深吸一口气,准备告诉她我得出的结论。

"你需要掌控一切,是因为你对自己的期望太高了。可是,玛丽莎,你越是苛求自己,就越是难以抽离。反过来这会让你在工作上更加缺乏安全感,更没有自信。这样一来,你的工作表现就会大打折扣,然后你也就会更需要掌控一切。"

"这是一个恶性循环。"

她一下子就明白了。也许在内心的某个角落，她也很清楚地知道，她正在伤害自己。

"我并不是说要你在工作时忘记一切，完全放松，因为你的工作环境需要你保持警觉，所以提出这种要求是不合理的。但我认为，你要想达到工作预期，关键在于你要关爱自己，而这正是你做得最少的一件事。"

"可我还要关爱别人，又怎么关爱自己呢？"

"如果你自己的状态都不好，又怎么关爱别人呢？"我大胆地反问道。

"玛丽亚，我没有时间去美发。"玛丽莎翻了个白眼说道。

"谁说这就是关爱自己了？"

"难道还有别的方法吗？"

"当然。"我坚定地看着她，"还有一种方法。"

通常情况下，我们都会错误地认为关爱自己就是照顾自己的身体，或是给自己一点物质上的犒劳。虽然这些形式的关爱偶尔也很好，并且有效，但它们并不需要付出情感上的努力，也不能深入修复我们的内心。

我们需要更进一步。

首先，我们要做的是给出关爱自己的定义：

所谓关爱自己指的是，我们自愿且主动地采取（一系列）行动来改善我们的身心健康。

接着，我们回顾一些真正算是关爱自己的例子：

- 与让你感觉良好的人在一起。
- 和周围环境保持健康的联结。
- 尊重自己的边界。
- 对自己怀有同情心。
- 进行积极的内心对话。
- 不要过分地自我批评。
- 不要过度自我要求。
- 不要为了取悦他人而不首先考虑自己的需求。
- 关注自己的需求。
- 相信自己的能力。
- 为自己取得的每个成就喝彩，无论它多么微不足道。
- 不要过分强调错误。
- 不要将个人价值建立在他人的看法之上。
- 不要与别人比较。
- 接受自己本来的样子。

在关爱自己的过程中，最重要的事情之一就是内心对话，因为我相信这是一切的起点：请记住，你如何与自己相处，就将如何与他人相处。

我的患者把自己放在次要位置，而把其他人放在了首要位置。她抛弃了自我，并下意识地决定通过自我惩罚来更好地关爱他人。

现在是时候了，于是我建议她完成一个练习，这是我从一位名叫阿尔瓦罗·毕尔巴鄂（Álvaro Bilbao）的优秀儿童心理学家那里学到的。为了能把这个很棒的练习的适用范围从儿童领域扩展到成年人身上，我在其中加入了自己的想法，结果这招还真管用。

"玛丽莎，接下来的两周我们不会见面，你要在这段时间里做一个练习。你需要一块木板、几根钉子和一把锤子。"

我的患者一如往常地开始在本子上记下我给她的所有指示。身为一个完美主义者，她想要正确地完成这项练习，不漏掉任何东西。直觉告诉我，她在治疗过程中也表现得如此有条理，是为了不让我失望。

"我希望你每天都分析自己在面对逆境时的内心对话。每当你意识到你在用不好的方式对待自己时，你就在木板上钉一根钉子。下次治疗时，我希望你把木板带来，看看上面有多少根钉子，好吗？"

她有所怀疑地点了点头，但正如我所预料的那样，她全部都按要求做了。

当时我还不想告诉她这个练习的目的，因为我想留到以后再说。

两周后，她带着钉满钉子的木板来到我的咨询室。

"你好，玛丽亚。"她进门时脸上带着一丝紧张的笑容。"我觉得拿着一块木板来做心理咨询看起来有点奇怪，连接待员看我的眼神都很异样。"

"别担心。"我笑着说道，"如果你说你是要去玛丽亚·埃斯克拉佩兹的咨询室，拿着一块木板就不那么奇怪了。我总是做一些很奇怪的事。"

"好吧，给你。"玛丽莎坐在我面前，把钉着钉子的木板放在了我的办公桌上。

"啊，很好。"我看着那块木板，"看来你完成了作业。"

"我一向如此。你知道的。"

"怎么样？告诉我你钉钉子的过程是怎样的吧。"

玛丽莎告诉我，按照我两周前的要求，每当她发现她在用不好的方式对待自己时，就钉一根钉子。木板上总共有十四根钉子。

"这意味着每周七根钉子，或者说，每天一根。"我打开手机上的计算器，"如果你每天钉一根钉子，那么一年后就会有三百六十五根钉子。女性的平均寿命是八十三岁，你现在三十一岁，那么……"我一边思索一边输入数字，"噢，天哪！你还有约一万八千九百八十根钉子要钉在木板上。"

玛丽莎睁大了眼睛。

"我觉得你需要更多木板。"

"还有钉子。我没有那么多钉子。这需要一辆卡车才装得下。"

经过一番深思熟虑和必要的沉默之后,我继续说:

"你觉得我为什么要你做这个练习?"

"我想你是想让我通过钉钉子来释放压力。事实上,这对我帮助很大。当我生气的时候,这么做很有效。我拿起锤子,'噔'的一声!"她边说边做了一个钉钉子的动作。

"这可能是你的结论,但我不认为用锤子敲钉子能有效地熄灭怒火。假如你在一个没有锤子、木板和钉子的地方生了气,你会怎么做呢?"

"哎呀,确实,我没有想到这一点。那我就不知道了。"她说话的同时叹了口气,摇了摇头。

"听着,这是一个隐喻。这块木板是你自己。"

"我?"她眯起眼睛,试图理解这是怎么回事。

"是的,这块木板就是你,钉子象征着你对自己造成的所有伤害。每当你用不好的方式对待自己时,就是钉了一根钉子。从隐喻的角度来讲,每根钉子都代表着你的心灵在你自虐时可能感受到的情感痛苦。"

我说完这些话后，咨询室里又陷入了另一种反思性的沉默，甚至比之前的沉默更长。

玛丽莎微微点头，视线没有离开那块木板。

"让我们试着把钉子拔出来吧。"我继续说道。

我的患者用一把锤子向我展示了她的动手能力，她一根接一根地拔出了嵌在木头里的钉子。

"完成了。"拔出最后一根钉子时她骄傲地说。

"太棒了。但你看，"我指着留在木头上的洞眼说，"当你后悔时，就会留下这些痕迹。这意味着已经发生的事情是无法改变的，而这些痕迹也很难在事后消除。即使你后悔了，你的大脑也已经处理了那些信息。而当你学会这样对待自己后，你甚至会在无意识中这样做。"

"所以我无法治愈我在过去钉下的钉子所造成的伤痕吗？"

"你可以把它们拔出来，但这些痕迹依然会在。等你学会了不再钉下更多钉子时，你就能随着时间的流逝慢慢治愈它们。"

"钉钉子比消除它们的痕迹更容易。"

"我知道。修复总是比伤害更难。"

"那么，解决办法就是不再往自己的木板上钉钉子……真难啊！"

"的确很难，尤其是你这么多年来一直在做相反的事情。"

我向她解释，关键在于继续识别消极对话，一旦识别到它们，就要彻底改变对话的形式和内容。这样，她就会对自己说出更自信的话，而不再需要钉钉子。

玛丽莎和我在一张纸上画了一个表格，左边写着她习惯对自己说的话，右边写着另一些完全不同的、充满关爱和同理心的句子。

结果是这样的：

消极的内心对话	积极的内心对话
"你真笨。"	"在那个时刻你不知道还能怎么做。你已经尽力了。"
"你本应该这么说的。"	"确实，你本来可以这样说，但在那个时刻你没有想到，你不是万能的，没必要事事完美。"
"你怎么连这种事都意识不到？"	"你没有意识到，是因为你不可能时刻关注一切。你可以从这次经验中吸取教训，以免将来再发生类似情况。"
"这糟糕的结果都是你的错。"	"肯定有很多其他因素影响了结果，而你没有考虑到。"
"现在你只能自作自受。"	"我该为我做的事情负责，因为我是个有责任感的人。"
"你一无是处。"	"我有很多优点。一次糟糕的或不如我预期的结果并不意味着我一无是处，它只意味着我要在这方面有所改进。我能列举出我之前做得很好的事情。"

消极的内心对话	积极的内心对话
"你是个失败者。"	"我不是个失败者。我会犯错或分神,每个人都会这样,但我总是尽力把事情做到最好。"
"你不适合这个职业。"	"这个错误并不能决定你的个人价值和职业价值。"
"你是个爱哭鬼,为了一点蠢事就哭。人生中有更重要的事,等你真的感觉很糟的时候再哭吧。"	"如果你感觉不好,你可以哭,没关系的,这很正常。如果你拿自己和别人比较,他们的人生中当然有更严重的问题,但把痛苦或每个人面对事物时的反应强度进行比较是不公平的。每个人都是独一无二的,都有权利表达自己的情绪,无论其他人经历了什么。另外,情绪是身体的下意识反应,你无法控制自己的感受。"

从那一刻起,玛丽莎面临的挑战就是不再往自己的木板上钉钉子。与前几周所做的事相反,她要避免再度伤害自己,要像对待病人那样关爱自己。

结果出乎意料的好。经过几个月的努力(不仅在工作方面,也包括自我成长方面),玛丽莎的自我要求程度保持在了一个稳定的水平。像往常一样,她依然每天都全力以赴,不同的是她感到更平静了,因为她开始以前所未有的方式关爱自己,并与自己达成了和解。这条路还很漫长,但她已经迈出了第一步。

玛丽莎的自我成长并不容易,因为有些内心对话的方式似乎已经被她内化了。正如我们在之前的治疗过程中研究她的个人经历时所看到的,多年来,她已习惯于用轻视和否定来自我虐待。现在她得学会以一种完全不同的方式来看待自己,并且要理解,成为一名出色的专业人士与把自己逼到极限毫无关系。如果她明白善待自己是必要的,她的职业表现甚至可能会更好。

同情的力量

我曾告诉过你,善待自己是必要的,但说得更具体一些:同情自己是最重要的。

我喜欢这样说:同情就像一种情感拥抱。我来解释一下,它是理解、无条件地接受,以及不带评判和压力的肯定。

同情就像寒冷冬日里的一杯热巧克力,就像在外面的气温超过四十摄氏度时一头扎进泳池,或是出现在你最需要的时候的一个长久的紧紧拥抱。这就是同情,它能彻底改变你的感受,以及你对世界的看法。

我认为我们都很了解如何同情别人,然而,如果要把这种方式应用在自己身上,情况就不同了。

如果你最好的朋友告诉你,他因为犯了一个错误而遇到了麻烦,你会说他是个失败者,或是指责他本应该在把事情搞砸之前就意识到那个错误吗?你会说他因为一点蠢事就哭吗?肯定不会。那你为什么会这么对自己呢?

我们对别人比对自己更有同理心，我们能更好地理解和肯定身边人的情绪。我们可以和对方说"没关系"，与此同时却常常对自己求全责备。我们可以为他人提供情感上的支持，却让自己处于痛苦的煎熬中。这难道是虚伪吗？事情能如此简单就好了。事实上，答案在于我们的大脑以及我们的自我感知方式之中。

我还记得，在写《我爱自己，我也爱你》时，脑海中不自觉地闪现过许多与以前的恋情（甚至友谊）有关的痛苦场景。很多时候，它们战胜了逻辑，以至于内疚把我淹没。和玛丽莎一样，我也学会了在生活中对自己提出很多要求。在不知不觉中，我把这种要求转嫁到了我的生活方式和人际关系中。我一度认为，如果有人要对这些结果负责，那就只能是我。好吧，我肯定不是什么圣人——你已经知道情感包袱会影响你的所思、所感、所为——但这不意味着我要把造成那些痛苦局面的所有责任都归咎于自己。问题是，我已经背负这个责任很久了。就像我的患者常对自己说的那些话一样，过去的我也常常在人际关系中不断地重复类似的话：

- "阿图罗对你进行了幽灵社交或者跟你冷战了？可能是因为你做了什么。那个家伙肯定发现了你有多么令人难以忍受且情绪激烈。"

- "在这段关系中，马里奥一直在冷落和虐待你，你为什么还要相信他？你真傻。"
- "你的初恋男友一直羞辱你，你怎么能忍受他这么久？你不是声称自己是自尊标兵吗？你太不自爱了。"
- "你明知道情感操纵会对这个人造成怎样的伤害，为什么还要这样对他？你玩弄了对方，你自己也知道这一点。你活该遇到糟糕的事情。"

正如你已经知道的那样，如果你明白了人际关系的运作方式，了解每个人应当承担多少责任，上面这种话就没有意义了，但即便如此，我还是会反复琢磨这些话，就好像一个想法在我脑袋里生根发芽，挥之不去。

我知道我已经尽我所能，用我当时所掌握的信息，做了所有能做的。

就我而言，我做了一些让自己引以为傲的事，也做了一些让自己引以为耻的事，但我认为，无论是我还是其他任何人，都不必把承担起以前做过错事的责任看作遭受天谴，而要把过去的错误当成一次学习来接受，因为我坚信，正是这些错误让我们能够实现个人进步。

于是，每当我意识到我的大脑正把我带向通往地狱的道路时，我就会停下来，回想自己多年来为了实现个人成长所付出的全部努力。

我认为，当人们遭受痛苦时，我们并不是像"成年人"那样，以合乎逻辑和理性的方式在受苦，而是像个孩子那样，从情感的最深处感到痛苦。事实上，这个藏在我们内心最深处的小孩，就是对印记（要记得，它是储存情感创伤信息的神经网络）的一种隐喻。

"玛丽亚，请回想你的过去。你现在对自己说这些话，是因为你已经学会了对自己苛刻，以至于你想把所有责任都归咎于自己。你现在对自己说的话，也是对曾经那个小女孩说的。"

坚定而有责任感……你意识到了吗？我正是以父亲对待自己的方式来对待我自己的。这就是依恋机制的魔力。我喜欢这些开始把事情联系起来的时刻，因为它们如此具有启发性。

正如我所说，当我发现我对待自己的方式和我父亲如出一辙时，我想到了那个曾经的小女孩，她的本质依然存在于我的内心深处。假如此刻那个小女孩的所思所感和我相同，她肯定会怕得要死。她什么也不懂，她会显得渺小又脆弱，她会去寻找一个能让她感到安全的成年人。但是，离她最近的大人就是我，而我却把她当垃圾一样对待。

于是，每当这种情况发生时，我都会使用我所知道的最强大的自我调节工具之一：拿起一张我小时候的照片，看着它，问自己相对那个年仅四岁、却承担了很大一部分不属于她的负罪感的小女孩说些什么。然后，我的话语发生了翻天覆地的变化。

就好像我是那个小女孩的依恋对象一样，我现在的目标是把我希望她在那样的时刻所能拥有的东西给予自己。我怎么做才能在我和小女孩之间建立安全型依恋？我怎么做才能让她把我当作一个庇护所。还有，正如我们在安全感圆环理论中所看到的那样，我怎么做才能让她把我当作可以信任并寻求理解和支持的双手？

首先，我永远不会以我对自己讲话的方式同小女孩讲话。永远不会，无论她犯了什么错误。但她毕竟是"我内心的小女孩"，我知道她的故事，知道她害怕时的感受，所以我比任何人都更能理解她当时的心情。因此，我更有理由善待自己了。

每当我想到那个小女孩的样子，我的内心就会有一些东西破碎。那个小女孩曾经那么幸福，但多年来经历的一些事情，给她留下了永远的印记。我是世界上唯一知道她将会经历什么的人；我是唯一能真正理解她在每个时刻有何感受和渴望的人；我是唯一能在她最需要的时候，给她别人给不了的一切的人。我是唯一能给予自己当时所需要的一切的人。我是唯一能拯救她，从而拯救我自己的人。

处理你的情感创伤

请允许我在这一章中剩余的部分使用女性称谓。我所做的个人努力是和一个小女孩一起完成的,因此"小女孩"这个称呼比"小男孩"会让我更有认同感。你也可以选择你喜欢的性别。

请找出一张你小时候感到幸福的照片,或者你认为的情感创伤发生时期的照片(我总是会用一张童年时期的照片,因为正如你到目前为止所看到的那样,几乎所有事情总是发生在童年),把它放在视线范围内。因为从现在开始,它将陪着你一起阅读。你将和那个曾经的小女孩一起,读完这本书的最后几页。

你内心的小女孩

你如今的大人模样,是你童年的写照?

那个每次想要某些东西,都会被告知那"太贵了"的小女孩,如今变成了在购买非急需物品时会感到内疚的大人。

那个被迫提前承担责任(照顾父母或弟弟妹妹)的小女孩,如今变成了时刻关注所有人,唯独不关注自己的大人。

那个遭受了情感否定的小女孩，如今变成了认为自己说话会让人讨厌的大人。

那个因为自己的依恋对象抱怨孤独就选择陪伴对方，而不是去无忧无虑玩耍的小女孩，如今变成了一个不会寻求帮助的大人，因为她觉得总有人的问题比她的更严重。

那个被告知"别那么自以为是"的小女孩，如今变成了很难承认自己优点的大人。

那个借助学习逃避负面情绪的小女孩，如今变成了工作上瘾的大人。

那个听到父母不断谈论债务的小女孩，如今变成了很看重金钱的大人。

那个自我界限不被尊重的小女孩，如今变成了防御意识很强的大人。

那个为了获得依恋对象的认可而学会了表现突出、把一切都做到完美的小女孩，如今变成了患有冒名顶替综合征的大人。

那个为了满足参考对象的需求而忽视自己需求的小女孩，如今变成了会因为别人为她做了什么都感到内疚的大人。

那个曾经试图向依恋对象表达对考试的恐惧的小女孩，得到的回应却只是"好了，去学习吧"，而没有得到关心，如今她变成了总是回避自己情绪的大人。

那个以偏激的方式吸引别人注意自己的小女孩，如今变成了行为古怪的大人。

那个在肥胖歧视言论中长大的小女孩，如今变成了因为不喜欢自己而不敢照镜子的大人。

那个在学校里被霸凌的小女孩，如今变成了很难信任别人的大人。

那个曾遭受背叛的小女孩，如今变成了很难维持健康关系的大人。

成人的情感创伤

反映了其孩童时期的生存策略。

你的内在小孩就是曾经的你自己，他做了在当时的条件下所能做的一切。

你内在小孩承载着你的情感伤害，无论你在什么年纪受到了这些伤害（可能是在六岁、十六岁或二十六岁时）。它所反映的那个过去，正是一切开始的地方。

那些在创伤时刻产生的需求依然存在，等待着被满足，就像有些事情等待着你去完成。

请回想一下第 5 章，路易斯的案例中的一段话：

"有趣的是，多年前，路易斯就一直觉得自己应当做些'有用的事'，直到今天依然如此。就好像那种行为模式从未终结，而他也没能走出来。"

换句话说，你一次又一次地无意识重复自己的创伤经历，因为它没有得到正确的处理。你的大脑就像一张刮花了的唱片：它进入了自动播放模式，而你的三个大脑也无法合为一体。

但现在是时候开始改变这种情况了。

我写前几章的用意，就是让你为这最后一章做好准备。

如果你理解了自己的过去，理解了自己的情绪包袱和情绪向导；如果你能自如地应对自己的思想和情绪，并学会如何建立健康的人际关系，你的指尖就已经触摸到通往安全之地的大门了。你要做的只剩下照顾好自己的内在小孩，给他提供所需要的事物——能治愈你情感创伤的一剂药膏。

白色森林

在这一节和下一节（"光环"）中，你将看到一些练习。我希望你能连续地阅读它们，不要停顿太久，因为它们之间密切相关。其中一个练习会让你产生一定的情绪波动，另一个则会帮助你平静下来，这就是为什么我建议你一个接一个地完成它们。我们先来做第一个。

跟我一起进入白色森林吧，在这里，没有任何事情会无缘无故地发生，凡事都有原因。

这是一个引导想象的练习，我建议你在家里平静地完成。你可以阅读并想象，戴上耳机，和我一起进入白色森林。无论如何，让自己沉浸其中。

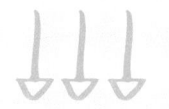

引导想象练习：白色森林

将身体调整至一个舒服状态。

闭上眼睛。

深呼吸。

感受空气是如何进入肺部，又如何从肺部离开。

观察身体的某一处是否仍处于紧张状态。如果有，试着放松下来。

渐渐地，你会感受到身体的全部重量。

放松你的双腿、手臂和脖子。

此刻，除了你正在聆听的声音，什么都不存在。

集中注意力。

我们将进行一场内心之旅，进入你的记忆中。

想象你周围的一切开始逐渐消失。

家具、画像……

你身边开始出现绿叶、土地、鸟鸣和溪流……

突然间，你已经不在家里了，而是身处一片森林之中。

植物环绕着你，清新的空气拂过你的脸颊，

夕阳比以往任何时候都更加美丽。

你漫步在高大挺拔、枝繁叶茂的树木之间。

你平静放松地观察着周围的环境，突然，你似乎看到远处有一个人。

你的心跳微微加速，走近一看，发现原来是小时候的自己。

你就站在曾经那个小孩的面前。

他正在花丛中无忧无虑地玩耍，充满孩童的天真烂漫。

你慢慢靠近，视线也没有从他身上离开。在离他只有几厘米时，一阵寒意掠过你的身体。

小孩突然抬起头，微笑着凝视你。某种特别的东西将你们紧紧联系在一起。那是你们的一生。

"我一直在等你。"他说，脸上依然带着微笑。

那个孩子天真无邪，发生的一切不是他的错。

也许过去的他缺少某些东西，但现在你可以为他提供这些。你已经是大人了。

过去的你缺乏信任吗？还是理解？抑或是尊重？肯定？无论是什么，现在的你都可以给他。

那么，你觉得你会像对待成年后的自己那样对待这个小孩吗？

从现在起，你想要如何对待他和你自己？

是什么阻碍了你爱自己、珍视自己？

你可以成为他的庇护所。

你是你生命中最重要的人,请不要忘记这一点。

我相信在这次白色森林之旅中,你已经得出了一个非常重要的结论。

是时候告别那个曾经的小女孩了。请紧紧拥抱她,向她保证,从现在起,一切都会改变。

慢慢地睁开眼睛。

现在,你已经准备好爱自己了。

你感觉怎么样？

我知道，每次做这个练习时，我都会哭。

再看看你小时候的照片。和你一样，这张照片现在就放在我面前。然后我笑了。

每当我质疑自己时，我都会看着它想：如果她是我，她此刻会有什么感受？如果她跑来向我求助，我会如何对待她？然后我就会做出相应的行动。我终于明白，我现在的任务是在感觉自己无法再坚持时，既不放弃自己，也不惩罚自己。我倾听自己的心声，不进行自我评判，也不给自己施加压力，我理解并原谅自己无法应对这种情况，就像我会对那个曾经的小女孩所做的那样。

我学会了同情自己，学会了在最需要的时候"拥抱"自己。

我学会了在寒冷的冬日给自己来一杯热巧克力，在夏天一头扎进泳池，我学会了无条件地理解并接纳自己。为此，我必须与我的过去和我自己和解。

我学会了原谅自己。

光环

现在我要教你如何放松。

光环是一个非常强大的用来放松和调节情绪的有效技巧。

这也是一个引导性想象练习,和上一个练习一样,我建议你在家里安安静静地完成它。

以下是正确进行这个练习的指导说明:

- 找一个安静的地方坐下或躺下。
- 摆一个舒服的姿势。
- 这个练习的内容是想象一道光环围绕着你,并沿着你的身体,从脚到头。
- 不要评判或评价你所观察到的事物,你只需要关注你的身体,并接受它的每个部分。
- 观察你的身体是否有哪个部位处于紧张状态。如果有,试着当光环经过那个部位时,放松它。
- 在练习过程中,想象你的思维是一台扫描仪,它要对身体的所有部分进行扫描。
- 如果在放松过程中,你发现自己的思维没有进入练习状态,没关系,重新集中注意力就好。
- 分心多少次并不重要,重要的是你要意识到自己分心,并能重新回到练习中。不要评判自己，这很正常。
- 如果你感到不耐烦、着急或无聊，不要担心，学习如何与这些感觉共处也是练习的一部分。给这些想法一些空间，观察它们，注意它们是否有变化。然后，无论它们变化与否，请回到练习中。
- 如果你没有任何感觉，也不要担心。重要的是观察此时此刻的感受。

你可以安静地阅读并想象，戴上耳机，专注于我的话语。无论如何，请让自己沉浸其中。关键是要与自己的身体建立连接，并意识到此时此地的存在。

引导想象练习：光环

我会在这里陪伴着你。

此刻一切都很好。

把你的手给我，现在让我们一起做一个放松练习。

专注于你的呼吸，感受空气是如何进出你的肺部的。你可以想象吸入的空气是一种颜色，呼出的空气是另一种颜色。我喜欢想象自己吸入的空气是白色的，呼出的空气是灰色或黑色的。我感觉这样可以把我不喜欢和让我感到不舒服的东西排出体外，让我的身体由内而外地焕然一新。

专注地体会你的脚与地面接触时的感觉。必要时移动双脚来感受当下的存在。此时，你就在这里。你是一个成年人。

感受你的手臂、腿、头、躯干和背部的重量以及它们的位置。观察不同部位之间的差异（如果有的话）。

光环会从你的双脚开始移动，直到你的头部。它会沿着你的身体逐渐向上移动，像一台扫描仪一样扫过每个部位。

扫描从你的双脚和脚趾开始。请逐一观察你的脚趾，注意你在每个脚趾上感受到的感觉。留意它们之间的间隔以及所占的空间。在扫描过程中，试着开启各种类型的感官，比如温度、触感、湿度、瘙痒和刺痛等。

从脚趾开始,将注意力转移到脚底,并一直扫描到脚跟。观察脚底的弧度和形状。

扫描脚跟,然后继续扫描脚背。从那里开始,把注意力逐渐转移到脚踝,并观察它们的状态(是否稳稳地踩在地面上,是否弯曲,等等)。

继续扫描双腿。在上移的过程中注意胫骨,然后是小腿肚。

继续向上到膝盖。想象你的膝盖骨,注意观察它们是伸直的还是弯曲的。从膝盖开始,继续扫描到大腿,扫过整个大腿的前面和后面。

扫描臀部,注意臀部的支撑情况。将注意力转移到髋部。

注意你的腰部。深吸一口气,并观察该部位的运动方式以及它所产生的变化。注意呼吸时观察腰部是否有紧张感或压力感。如果有紧张感,就试着放松。

从腰部开始,顺着背部往上,想象光环沿着你的脊柱逐节向上,直到背部中间。注意体会你对这个部位的感觉。

从上背部开始,继续向上到达颈部,即上背部。在这个过程中注意观察左右肩胛骨。

当你扫描到颈部时,将注意力转向肩膀,并仔细观察它们此刻的状态。

现在专注于你的躯干正面,从耻骨开始再次向上。

通过腹部向上移动，观察你的呼吸，以及腹部的运动和感觉。

通过横膈膜向上移动，沿着肋骨慢慢往上，直到胸部。

然后，开始想象你的锁骨。

现在把你的扫描仪移动到上肢末端，将注意力集中在手臂上，重点观察手指和指甲。观察可能出现的感受：刺痛、瘙痒、湿度或温度等。扫描所有手指：拇指、食指、中指、无名指和小指。观察它们之间的间隔以及它们所占的空间，不要对它们之间的差异做出评价。

扫过手掌，然后是手背。

继续沿着手腕、前臂和肘部，直到再次抵达肩部。

沿着颈部，经过咽喉，直到头部。在下颌处稍作停留，感受你上下颌骨的状态。观察此处是否有紧张感，因为这个部位最容易紧张。如果有，请试着放松。

光环沿着颧骨、耳朵、鼻孔、眼睛、眉毛和额头继续向上。

一直到达头顶，身体的最高点。

现在准备呼吸，想象在吸气时新鲜的空气如何进入你的身体，并从脚到头经过你的整个身体，以及在呼气时，废气（污浊的空气）如何排出你的身体，并再次从头到脚经过你的整个身体。

你感觉怎么样？喜欢这个体验吗？

你可以睁开眼睛了。

完成这个练习后，你感觉怎么样？对我来说，它很有助于让我与当下建立连接。当我感到压力大得喘不过气时，我就会躺下来做这个练习。如果可以，我会花更多时间来做，但如果因为在工作、在外面，或是和别人在一起而没有太多时间，我会快速地完成这个练习。依然是扫描全身，但在每个部位停留的时间不会太长（我会想象光环在几秒钟内就通过了我的身体）。但要做快速版，你需要先做几次慢速练习，因为这样一来，放松的感觉已经与练习联系在一起，更容易达到平静的状态。

◦ 你的安全之地 ◦

现在，我们将在你内心建立一个安全之地，你可以在需要时随时前往。每当你感到自己需要安全和平静时，你都可以带着你的内在小孩来到这个地方。

指导说明：

- 坐下来，找一个舒服的姿势。
- 你可以闭着眼或睁着眼完成这个练习（你可以先阅读说明，然后闭上眼睛进行，或者直接睁着眼睛进行）。
- 想出一个能让你感到安全和平静的地方。它可以是海滩、田野、森林、公园、父母的家、祖母的家、你小时候的房间……这是指在精神上去一个让你感到安全和平静的地方，不要选择会在某些时刻让你感到不适的地方，例如，如果父母的家会让你联想到大声争吵，并且你在那里会感到不舒服，那么我建议你不要选择那里。

- 等你选择好了，请回答以下问题：
  - 为什么这个地方对你来说是安全的？
  - 当你想象出或回忆起这个地方时，你在那里做什么？
  - 仔细观察你所选择的地方，并留意周围的一切。那里是白天还是黑夜？它是一个室外的地点吗？那里是热是冷？有什么声音吗？
- 让自己沉浸在安全的感觉中。
- 想象自己把安全感储存在了胸口。你可以把手放在那个部位，体会那种温热的绝妙感受。
- 想出一个词来指代那个地方，它可以是"家""住所""花朵""太阳"或"海滩"等，这个词会让你感受到安全。
- 每当你需要安全感时，闭上眼睛，把手放在胸口，想象那个地方，同时念出这个词。

◦ 你的指南针，让你永远不会迷失自我 ◦

你曾感觉在生活中迷失了自我吗？别担心，这很常见。无论是因为某些事情结束了，还是因为你需要重新开始；无论是因为你的大脑一片混乱，还是因为你的理性脑和情绪脑在打架，这都会让你迷失自我。

他们说："你应该有这样的思考和感受，并做出这样的行为。"而你的思考是 A，感受是 B，行动则是 C。这是很自然的事情。

令人难以置信的是，因为无论你有多少工具来管理自己，同样的事情都可能发生在你身上。有一天，你可能会不知道要选择哪条路。像这样在人生中被卡住的时刻，你该怎么做？是要奋不顾身地冒险，还是应该三思而后行？思考后接下来请进行以下练习：

- 画一个罗盘，上面有四个基本点。你可以根据自己的喜好添加任何细节。
- 想出能代表你的四个价值观，它们将对应东、西、南、北四个基本方位。这个罗盘是一件神奇的东西，因为它不仅能始终指示方向，还能指出那些在特定时刻引导着你的价值观。
- 把这四个价值观放在四个基本方位上。记住，其中没有一个价值观比另一个更重要。

- 从现在起，每当你不确定要选择哪条路时，就想一想：如果我选择这条路，我能够实现我生活中最重要的某个价值观吗？例如："如果我选择这份工作，我能够忠于我的诚实吗？"如果不能，那你就要好好考虑一下。

当我发现自己的行为、想法和感受并不一致时，我就会看看我的罗盘，根据它的指示行动。这样一来，无论发生什么，我都能在夜晚安心入睡，因为我知道我是在按照自己的价值观行事。

> 如果你始终根据自己的价值观行事，
> 你就永远不会后悔自己的所作所为。

你也可以和伴侣、朋友或家人一起做这个练习。我的建议是共同确定最能代表这段关系的四个价值观，并将它们放在一起。这样，无论你们做什么，都会始终遵循这四个你们最认同的价值观。

○ 你的工具 ○

在这本书中，你获得了一系列工具，它们能帮助你理解你的过去，并治愈你的现在。我的建议是，把它们都收进一个工具包，以便在每次需要的时候使用。你可以把它们写在一张纸上，放进一个盒子、罐子或箱子；你也可以用一个专门的笔记本来记录个人成长，或者按照自己的想法存放你的新工具。最终，我们的目标是使用这些工具，并为它们创造一个始终可以取用的空间，因为在那些脆弱的时刻，杏仁核会被激活，如果没有一些东西能够阻止我们、把我们带回当下，摆脱困扰就会变得相当困难。

你的工具不一定是特定的心理疗法，它们也可以是在特定时刻对你有效的活动。例如，对我来说，步行或进行轻中度的运动就十分有益，因为这能让我释放压力并分散注意力。

后　记

战斗留下的伤痕

几年前，当我了解了四种依恋类型，并发现自己是焦虑型依恋人格时，我以为我将终生被痛苦折磨。那个情感夸张的自我几乎要崩溃了。很长一段时间以来，我都忽视现实，认为这都是别人的错。一方面，让我感到愤怒的是，我背负的负担对我的影响如此负面；但另一方面，我又觉得自己无法改变，认为我就是如此。我陷入了想要改变却无法改变的困境。于是，正如你所知道的那样，多年来，我被束缚在了一段又一段的依赖关系之中。

"我什么时候才能得到幸福？"我一次次问自己。我知道一段健康的关系应该是什么样子，但我所做的却是不停重复着同样的模式，就好像生活是一架滚轮，而我是那只停不下来的仓鼠。

一天，我走进一家书店，翻看心理学的书籍。我打开了一本书，它讲的是依恋是焦虑的根源，于是我心想：这是写给我那些患者的。写给他们的。哈！当时的我多么盲目啊。我翻开书开始阅读，还没回过神来，就已经泪流满面了。"这本书讲的就是我，我现在明白了。"那一天，我的内心发生了一些变化。我开始把这些点联系起来：依赖关系、过去、童年……多么有趣的一团乱麻。我继续阅读相关内容，得知了什么是解离、焦虑、创伤、依赖性联结、催产素……我停不下来。我学到的东西比在整个职业生涯中学到的还多。鉴于那时这还是一个很新的课题，我唯一的学习资源就是书籍和研究报告。我很幸运能拥有这些资源。

当我意识到自己身上有一些我并不喜欢的行为模式时，我一度非常难过。"我想拥有安全型依恋人格，我讨厌焦虑型！它只会让我痛苦！"但时间证明，我所寻求的改变并不是想要或不想要的问题，而是需要付出大量的个人努力。我收集信息、审视自己的内心、发问、讲述，我改变了许多行为，与自己和他人和解，也原谅了自己和他人。就这样，好几年过去了。幸运的是，我的父母和我的伴侣阿尔韦托全程一直陪伴着我。我的父母依然是我可以放心出发并返回的双手，而阿尔韦托则用他的安全型依恋人格向我的杏仁核有力地证明了没有什么可害怕的。渐渐地，我在自己内心建起了一个庇护所。

现在，经过了七年的个人努力、时而稳定时而波动的状态，以及一次非常严重的崩溃，我终于可以说，我获得了平静。我还在继续服药（现在只需要吃一片药了），虽然也有过至暗时刻，但我可以明白大声地说，我比以往任何时候都要好。

这一路走来，我认识到，依恋类型的改变就是行为模式的改变。像我这样的焦虑型依恋人格会使出浑身解数来避免被抛弃，回避型依恋则是为了避免情感伤害，而紊乱型依恋会同时避免这两种痛苦。

我明白了如今让我痛苦的那些事情曾在过去拯救了我，如果我没有在当时发展出这种种特征并掌握这些手段，我现在的生活也不会如此美好。所以我学会了爱现在的自己和过去的自己，因为如果没有过去的一切，我今天就不会在这里。

当我的思绪不由自主地迷失在过去的某段回忆中时，我就会遵照心理治疗师玛尔塔·塞格雷列斯（Marta Segrelles，她专门从事童年心理创伤的治疗）的建议，并告诉自己："玛丽亚，你已经三十二岁了，你不再是那个小女孩或青少年了（视具体的回忆而定），现在你可以用不同的方式来行动了。"

虽然我知道，非安全型依恋会使我们在与周围的人和事物建立联结时出现问题，但我也知道，这些依恋类型之所以会表现出这些行为特征，是因为它们曾对我们能否"生存"下来至关重要。那些当时曾让我们变得更强大，并使我们能够继续前进的东西，如今却给我们造成了伤害。但大脑从不会无缘无故地做任何事情。我们只能尽力适应，并根据已有的信息采取行动。是的，今天的我们受伤了，但那个伤口带来了非常重要的改变，让我们成为现在的自己。所以我们也应当为这些伤痕感到骄傲，因为它们代表了我们已从那场战争中幸存下来。

你的过去可能并非一帆风顺，但你今天能在这里，也是因为有某件事（或某个人）支持着你，充当了你的庇护所。我们都需要一个能让自己感到平静的安全地带。

现在到了你个人努力中最重要的部分：从一个不同的角度来看待你的日常生活。

这还没有结束。

现在是时候努力改变自己了；与你的过去和解，去理解、接受和释怀。

那种情感拥抱。

那种宽慰。

寒冷的冬日里的那一杯热巧克力。

那一头扎进的夏日泳池。

那种同情。

那种宽恕。

现在是时候成为你自己的庇护所了。

图书在版编目（CIP）数据

我们为什么缺乏安全感 / (西) 玛丽亚·埃斯克拉佩兹著；程肖琳译. -- 贵阳：贵州人民出版社，2025.
01. -- ISBN 978-7-221-17782-7

Ⅰ. B842.6-49

中国国家版本馆CIP数据核字第2024K1P254号

TÚ ERES TU LUGAR SEGURO
by María Esclapez

Copyright © 2023 María Esclapez
Original Spanish edition published by Penguin Random House Grupo Editorial, S.A.U., Spain, in 2023.
Copies of this translated edition sold without a Penguin sticker on the cover are unauthorised and illegal.
Simplified Chinese translation copyright © 2025 by United Sky (Beijing) New Media Co., Ltd.
All rights reserved.

著作权合同登记号　图字：22-2024-119 号

我们为什么缺乏安全感
WOMEN WEISHENME QUEFA ANQUANGAN

[西] 玛丽亚·埃斯克拉佩兹 著
程肖琳 译

出 版 人	朱文迅
选题策划	联合天际
责任编辑	蒋　莉
特约编辑	王　瑶
封面设计	奇文云海

出　版	贵州出版集团　贵州人民出版社
发　行	未读（天津）文化传媒有限公司
地　址	贵阳市观山湖区中天会展城会展东路SOHO公寓A座
邮　编	550081
电　话	0851-86820345
网　址	http://www.gzpg.com.cn
印　刷	大厂回族自治县德诚印务有限公司
经　销	新华书店
开　本	880毫米×1230毫米　1/32
印　张	9
字　数	156千字
版　次	2025年1月第1版
印　次	2025年1月第1次印刷
书　号	978-7-221-17782-7
定　价	58.00元

本书若有质量问题，请与本公司图书销售中心联系调换
电话：(010) 52435752

未经许可，不得以任何方式复制或抄袭本书部分或全部内容
版权所有，侵权必究